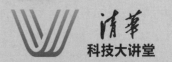

清华
科技大讲堂

程序设计竞赛入门

（Python版）第2版

黄龙军 ◎ 编著

清华大学出版社

北京

内 容 简 介

本书以问题求解为主线,引入程序设计竞赛的基础知识,以 Python 语言编写程序,注重实践能力培养。本书包括绪论、程序设计基础知识、程序控制结构、列表与字典、函数、类与对象、程序设计竞赛基础、链表和文件共 9 章内容,介绍程序设计的概念、思想和方法,培养学生的计算思维,分析、解决具体问题的能力及创新能力。其中,程序设计竞赛基础主要介绍递推与动态规划、简单数学问题、贪心法与回溯法、搜索和并查集等方面的入门知识。

本书可作为高等学校零基础学习程序设计或程序设计竞赛通识课程的学生的教材,也可作为中小学信息学竞赛参加者、大学生程序设计竞赛参加者及 Python 语言自学者、开发者的入门参考书,对开设"Python 语言程序设计"课程或指导程序设计竞赛、信息学竞赛的教师也有一定的参考作用。

图书在版编目(CIP)数据

程序设计竞赛入门:Python 版/黄龙军编著. —2 版. —北京:清华大学出版社,2024.5
(清华科技大讲堂)
ISBN 978-7-302-66214-3

Ⅰ.①程… Ⅱ.①黄… Ⅲ.①软件工具-程序设计 Ⅳ.①TP311.561

中国国家版本馆 CIP 数据核字(2024)第 086735 号

责任编辑:闫红梅 张爱华
封面设计:刘 键
责任校对:李建庄
责任印制:刘海龙

出版发行:清华大学出版社
　　　　　网　　　址:https://www.tup.com.cn,https://www.wqxuetang.com
　　　　　地　　　址:北京清华大学学研大厦 A 座　　　　　　邮　　编:100084
　　　　　社 总 机:010-83470000　　　　　　　　　　　　　邮　　购:010-62786544
　　　　　投稿与读者服务:010-62776969,c-service@tup.tsinghua.edu.cn
　　　　　质量反馈:010-62772015,zhiliang@tup.tsinghua.edu.cn
　　　　　课件下载:https://www.tup.com.cn,010-83470236
印 装 者:三河市龙大印装有限公司
经　销:全国新华书店
开　本:185mm×260mm　　印　张:16.75　　　　　　字　数:405 千字
版　次:2021 年 4 月第 1 版　 2024 年 5 月第 2 版　 印　次:2024 年 5 月第 1 次印刷
印　数:1~1500
定　价:49.00 元

产品编号:104865-01

前　言

我国已开启全面建设社会主义现代化国家新征程，全国各族人民正为全面推进中华民族伟大复兴而团结奋斗。"青年强，则国家强。"广大青年学子宜"自信自强、守正创新，踔厉奋发、勇毅前行"。作为计算机相关领域的青年学子，我们宜学好 Python 程序设计相关知识，积极成长为创新型人才，进而成为"德、智、体、美、劳全面发展的社会主义建设者和接班人"。

"人生苦短，我用 Python。"用 Python 语言编写程序，代码量小、编程效率高。对于零基础学习程序设计课程的学生而言，以 Python 作为第一门程序设计语言是一个较合适的选择。

本书重点讨论程序设计的基础知识、程序控制结构、函数、列表与字典、类与对象、程序设计竞赛基础、链表和文件等方面的内容，希望能为零基础学习 Python 程序设计的学生打下较好的基础，也希望能为参加程序设计竞赛的学生奠定一定的基础。

本书立足于在线评测系统(Online Judge,OJ)，以 OJ 上的问题为载体和核心，把对问题的分析和求解作为主线。本书以问题为导向，适合学生针对 OJ 问题进行探究式学习，注重培养学生的计算思维及实践能力。本书的例题与习题较多，教师可以酌情选讲，学生也可以酌情选学。若将本书作为程序设计竞赛的通识课程教材，则可考虑不讲最后 2 章的内容；而若将本书作为程序设计基础的教材，则可考虑不讲最后 3 章的内容。

本书中的编程例题、习题主要来自 OJ。书中大部分例题和编程习题来自绍兴文理学院原有 OJ，这离不开绍兴文理学院程序设计类课程组教师历年来的辛勤工作，在此对他们表示由衷的感谢！书中部分编程例题和习题参考或改编自杭州电子科技大学 OJ（简称HDOJ）、浙江工业大学 OJ（简称 ZJUTOJ）和浙江大学 OJ（简称 ZOJ）等 OJ 上的题目，在此对出题者及相关的老师、学生表示由衷的感谢！

为方便读者练习，书中编程例题和习题已添加到程序设计类实验辅助教学平台(Programming Teaching Assistant,PTA)。若读者希望在 PTA 网站练习本书题目，则可发邮件到编者邮箱告知 PTA 注册邮箱等用户信息，以便我们把读者添加到题目集的用户组中。对于使用本书作为教材的教师，我们将提供 PTA 网站题目集的分享码，以方便教师统一组织学生练习。

在编写本书的过程中，编者在参考自编教材之外，也参考了一些 Python 程序设计的相关教材，在这里对这些教材的作者表示衷心的感谢！

本书是《程序设计竞赛入门(Python 版)》的第 2 版，除在章节顺序安排上有所调整之外，较之第 1 版的主要修改如下：

(1) 排序相关的问题求解由原来使用比较函数改为使用 lambda 匿名函数，简化编程；

（2）增加了部分章节内容，主要包括"第 9 章 文件"和"7.5 并查集入门"；

（3）在注重计算思维培养的同时，更多地介绍了 Python 编程的简便性。

在编写本书的过程中，编者力图在问题驱动、能力导向及强化实践等方面有所突破、有所创新，然而受限于能力和水平，书中难免存在疏漏之处，恳请读者批评指正。

黄龙军

2024 年 2 月

目　录

第1章   绪　　论

1.1　程序设计竞赛简介

目前,国际大学生程序设计竞赛(International Collegiate Programming Contest, ICPC)、中国大学生程序设计竞赛(China Collegiate Programming Contest,CCPC)、团体程序设计天梯赛(Group Programming Ladder Tournament,GPLT)等是国内大学生以参赛队形式参加的主要程序设计类赛事。其中,ICPC、CCPC 的每个参赛队人数不超过 3 人,GPLT 的每个参赛队人数不超过 10 人。

ICPC、CCPC 比赛时长为 5h,比赛中,每队参赛选手独立使用一台计算机编写程序求解7~13 道题目,并提交程序由 OJ 评判程序的正确性与时空效率。OJ 根据预先设置的测试数据自动评判选手所提交程序的对错,程序仅在通过一道题目的所有测试用例时方可被判为正确解出该题(得到 Accepted 反馈,简称 AC)。所有参赛队按照解题数从多到少排名;若解题数相同,再按总用时从少到多排名;若解题数和总用时都相同,则排名并列。总用时为所有 AC 赛题所用时间之和,而每道 AC 赛题的用时是从竞赛开始到成功解出该题为止,期间每一次被判为错误的提交将被罚时 20min。

1977 年,在国际计算机学会(Association for Computing Machinery,ACM)计算机科学会议期间举办了 ICPC 的首次全球总决赛(World Finals,WF)。ICPC 旨在"展示大学生创新能力、团队精神和在压力下编写程序、分析和解决问题的能力"。目前,ICPC 已经发展成为全球最具影响力的大学生程序设计竞赛。ICPC 赛事由各大洲区域预选赛(简称区域赛)和全球总决赛两个阶段组成,其中,区域赛包含网络预选赛和现场赛两个阶段。ICPC 全球总决赛安排在每年的 3—5 月举行,而区域赛一般安排在上一年的 9—12 月举行。一般情况下,每个参赛队员最多可以参加两站区域赛的现场赛,每个学校最多可以有一支队伍参加全球总决赛。自 1996 年中国首次举办 ICPC 亚洲区域赛以来,ICPC 的竞赛模式吸引了中国高校学生和教师,参与者与日俱增,陆续衍生出校赛、省赛、地区赛等各级赛事。目前,ICPC WF 支持提交的程序设计语言包括 Python、C、C++ 及 Java 等。

CCPC 借鉴了 ICPC 的规则与组织模式。CCPC 旨在"通过竞赛来提高并展示中国大学生程序设计创新与解决实际问题的能力,发现优秀的计算机人才,引领并促进中国高校程序设计教学改革与人才培养"。首届 CCPC 于 2015 年 10 月在南阳理工学院举办,从 2016 年第二届 CCPC 开始,每年的上半年举办省赛、地区赛、邀请赛及女生专场赛等赛事,每年的 8 月举办网络选拔赛,9—12 月举办全国分站赛和全国总决赛。

GPLT 是中国高校计算机大赛(China Collegiate Computing Contest,简称 C4)的系列赛事之一,旨在"提升学生计算机问题求解水平,增强学生程序设计能力,培养团队合作精神，提高大学生的综合素质，同时丰富校园学术气氛，促进校际交流，提高全国高校的程序设计教学水平"。比赛重点考查参赛队伍的基础程序设计能力、数据结构与算法应用能力，并通过团体成绩体现高校在程序设计教学方面的整体水平。竞赛题目难度分为基础级、进阶级、登顶级 3 个梯级，以个人独立竞技、团体计分的方式进行排名。2016 年 7 月，首届 GPLT 全国总决赛在全国 11 个赛点同步举行。从第二届 GPLT 开始，决赛一般安排在每年的 3—4 月，比赛时长 3h。比赛中，每个参赛选手独立使用一台计算机编写程序并提交到测评系统求解 15 道题（其中，基础级 8 道题，进阶级 4 道题，登顶级 3 道题）。参赛选手可以反复提交代码求解某一道题目直到正确为止。测评系统自动评判参赛选手所提交程序的对错，按所提交程序通过的测试用例计算得分。

在中小学，与程序设计相关的竞赛主要是信息学竞赛。信息学竞赛旨在"向那些在中学阶段学习的青少年普及计算机科学知识；给学校的信息技术教育课程提供动力和新的思路；给那些有才华的学生提供相互交流和学习的机会；通过竞赛和相关的活动培养和选拔优秀计算机人才"。信息学竞赛分为国际信息学奥林匹克竞赛（International Olympiad in Informatics，IOI）、全国青少年信息学奥林匹克竞赛（National Olympiad in Informatics，NOI）和全国青少年信息学奥林匹克联赛（National Olympiad in Informatics in Provinces，NOIP）等。

1.2　程序设计及其语言简介

1.2.1　程序与程序设计

什么是程序？程序是用程序设计语言编写的指令序列，以实现特定目标或解决特定问题。

关于程序，著名计算机科学家尼古拉斯·沃思（Niklaus Wirth）曾提出如下公式：

$$程序 = 数据结构 + 算法$$

其中，数据结构是对数据的描述，包括数据类型和数据的组织形式；算法是对操作的描述，即操作步骤，可以理解为解决问题的策略。一个程序的算法部分通常包含输入、处理、输出三方面。

例如，一杯水和一杯酒要互换杯子，处理方面的算法如何设计呢？

显然，可以借助一个空杯（设为 C），先把水倒入 C，再把酒倒入原来的水杯（设为 A），最后再把 C 中的水倒入原来的酒杯（设为 B），这个操作步骤就可以视为互换杯子的算法，可简单描述为 A→C，B→A，C→B。

什么是程序设计？简言之，程序设计是使用程序设计语言编写程序解决特定问题的过程。程序设计是一种挑战性工作，极富魅力和创造性。自计算机问世以来，人们都是在研究、设计各种各样的程序，使计算机完成各种各样的任务。

1.2.2　程序设计语言

程序设计语言作为人和计算机之间通信的媒介，不断地从低级向高级发展，历经机器语言、汇编语言、高级语言等阶段。

机器语言由二进制指令构成，每条指令都是一个固定长度的且由指令码和地址码组成的 0、1 串。机器语言是面向计算机的,机器完全可以"看"懂,但对于程序员来说却很不方便。高级语言是面向程序员的,程序员很容易看懂,但机器却不能直接"看"懂,因此需要用编译器或解释器等对高级语言进行编译或翻译。Python、Java、C++ 和 C 等都是高级语言,其中,前三者也是面向对象程序设计语言。

面向对象是一种对现实世界理解与抽象的方法。现实世界客观存在的事物都可以视作对象。例如,每个学生是一个对象。而具有共同特性和行为的对象可以抽象为类。例如,学生都具有学号、姓名、年龄和性别等特性及吃饭、学习、运动和睡觉等行为,因此可以抽象为一个学生类。

在面向对象程序设计中,对象是数据(属性)和行为(方法)的结合体。面向对象程序设计具有抽象、封装、继承和多态等特性。这些特性简要说明如下。

抽象指的是把同一类对象的属性和方法抽取为类。

封装指的是把属性和方法绑定在一起。

继承指的是可从已有类继承属性和方法派生出新类。

多态指的是允许相同或不同的对象对同一消息做出不同响应。运算符重载和函数重载等支持多态性的实现。

运算符重载指的是同一运算符对于不同类型数据的含义不同,例如,运算符+对数值型数据作加法运算,对字符串类型数据作连接运算。

函数重载指的是定义若干功能类似的同名函数(通过参数不同加以区分)。

Python 语言是荷兰计算机程序员吉多·范罗苏姆(Guido van Rossum)在 1989 年发明的,并在 1991 年发布第一个公开发行版。Python 语言是一种解释型的、面向对象的、带有动态语义的高级语言。

Python 语言是解释型的,指的是 Python 在执行时,先将 Python 源文件(扩展名为 py)中的源代码编译为 Python 字节码(在解释器程序中对应为 PyCodeObject 对象),再由 Python 字节码虚拟机中的解释器逐条执行字节码指令。基于 C 语言的字节码文件的扩展名为 pyc。

Python 语言是面向对象的,指的是在 Python 语言中,数值、字符串、函数和模块等都是对象,而且支持抽象、封装、继承和多态等面向对象特性。

Python 语言是带有动态语义的,指的是 Python 在执行前不先确定语义,也不检查对象是否具有相应的属性或者方法,而是在运行时再作检查并确定语义。

Python 语言支持交互模式,易于学习、阅读、维护,可扩展、移植、嵌入,支持数据库及GUI 编程。Python 语言的标准库和扩展库丰富,在大数据、人工智能等领域应用得非常好。近年来,随着大数据研究的发展及人工智能热潮再度掀起,Python 语言越来越受到人们的欢迎,根据最近(2024 年 2 月)TIOBE(The Importance Of Being Earnest)公司公布的编程语言排行榜,Python 语言位列第一。

1.3 简单的 Python 程序

例 1.3.1 输出"Hello,World!"

解析:

直接以内置函数 print 输出字符串"Hello,World!",具体代码如下。

```
print("Hello, World!")          #第一个 Python 程序,用 Python 向世界打个招呼
```

运行结果如下。

```
Hello, World!
```

Python 内置函数 print 用于输出数据,如本例中的 print("Hello,World!")把双引号中的字符串输出并自动换行。Python 中的字符串常量用双引号或单引号作为界定符。"Hello,World!"这个字符串常量中的各个字符都是普通字符,输出时原样输出,而作为字符串常量界定符的双引号本身不输出。

在 Python 中,用符号♯表示单行注释,即当前行从♯开始都是注释。注释被编译器及解释器视作空白,但看程序的人可以看到。因此,通过给程序添加必要的注释可以增加程序的可读性。另外,配对使用的"""(3 个双引号)或'''(3 个单引号)用作多行注释。例如:

```
'''
Description: say hello to world by Python
Note: print is the output function in Python
'''
```

或

```
"""
Description: say hello to world by Python
Note: print is the output function in Python
"""
```

若希望注释选中的多行代码,可以使用组合键 Alt＋3,此时各行被注释的代码前都会加两个♯;而组合键 Alt＋4 去掉所选各行之前的♯从而取消注释。若未选中代码,则这两个组合键分别对光标所在行添加注释或取消注释。

代码正确缩排是 Python 的语法要求。因此,在编写 Python 代码时,需特别注意代码的正确缩排。在缩排时,多一个或少一个空格都可能产生 SyntaxError 异常。Python 的基本缩排要求:第一层次的代码之前不能有多余的空格,下一层次的代码位于上一层次的冒号之后,若换行书写则相对上一层次默认向右缩进一个 Tab 键(默认 4 个空格)。可用组合键 Ctrl＋[（左中括弧)、Ctrl＋]（右中括弧)对选中的代码向左减少或向右增加缩进量。

例 1.3.2　*a＋b*

在一行上输入两个整数,求两者之和。

解析:

使用内置函数 input 输入字符串,用其 split 方法分割为两个字符串并分别用内置函数 int 转换为整数相加,最后用内置函数 print 输出结果。

```
a, b=input().split()          #输入一个字符串并分割为两个字符串赋值给变量 a、b
```

```
c=int(a)+int(b)          #把 a、b 转换为整数相加并赋值给变量 c
print(c)                 #输出变量 c 中的值
```

运行结果如下。

```
1 2↵
3
```

内置函数 input 用于输入一行数据并返回一个字符串。字符串的成员函数(或称方法)split 的功能是把字符串以空格(默认的间隔符)分割为若干字符串。赋值运算符＝把其右侧的值赋值给其左侧的变量,从而创建该变量。例如,语句"a, b＝input().split()"把输入的一个字符串以空格分割为两个字符串并分别赋值给用逗号分隔的两个变量 a 和 b。实际上,若输入"1 2",则"input().split()"相当于""1 2".split()",从而得到列表['1', '2'],而"a, b＝['1', '2']"表示将列表中的第1、2个元素分别赋值给变量 a、b。

内置函数 int(val)把参数 val(通常由数字字符构成的字符串或其他类型的数值)转换为整数,例如,int(a) 用于把字符串 a 转换为整数。算术运算符＋实现两个数值型数据的相加。

键盘输入时,确认输入需按键盘上的 Enter 键,本书中用↵表示。

变量相当于一个容器,可以存放不同类型的数据。Python 中的变量不需要预先指定类型,赋值时由赋值运算符右侧表达式的类型决定,而且可先后存放不同类型的数据。例如:

```
a=input(); a=int(a)      #写在一行上的多条语句用分号;分隔
print(a+1)               #a 为整型,+表示加法
```

这里用分号";"间隔同一行上的多条 Python 语句。第一条赋值语句使得 a 成为字符串类型变量;第二条赋值语句使得 a 成为整型变量。注意,Python 代码中的分号、逗号、括号、点号等都是西文状态下的符号。

分号是一行上多条语句的间隔符。反斜杠"\"是一条语句写在多行上的续行符,若一条语句在一行上写不下,需分行写时,可在前一行的最后加上续行符。例如:

```
a \
= \
1
print(a)
```

上面的代码中,把赋值语句 a＝1 写在 3 行上,因此在前两行的行末加上续行符\(本行的\之后不能有空格等任何内容)。

函数 print 可以用于格式化输出,带有格式引导符%的格式串放在双引号中,输出项置于格式串后的%之后。整型、浮点型(实型)和字符串等类型的格式字符分别为 d、f 和 s。例如:

```
print("%d" % (1+2))      #输出 3,表达式形式的输出项需用小括号括起来
```

```
print("%d+%d=%d" % (1,2,1+2))      #输出 1+2=3,多个输出项以逗号分隔并用小括号括起来
print("%.2f" % 3.14159)            #输出 3.14,"%.2f"中,2 表示小数点后四舍五入保留 2 位小数
t="Hello"                          #创建字符串变量 t
print("%s" % t)                    #输出 Hello
print("%c" % 'A')                  #输出 A
print("%c" % 65)                   #输出 A
```

注意,若%之后的输出项是表达式或有多个输出项,则表达式输出项或多个输出项(之间以逗号分隔)需用小括号括起来。Python 中,单引号界定起来的一个字符也是字符串类型。可以用内置函数 type 求得表达式或变量等的类型。例如:

```
print(type('A'))          #输出<class 'str'>,表示字符串类型
print(type(3))            #输出<class 'int'>,表示整型
print(type(3.14159))      #输出<class 'float'>,表示实型或浮点型
```

可见,'A'、3 和 3.14159 的类型分别为字符串类型<class 'str'>、整型<class 'int'>和浮点型<class 'float'>。

1.4 Python 开发环境简介

本书选择 Python 3.8.3 作为 Python 程序的开发环境,该软件可从 Python 官方网站下载并安装。安装之后,启动 Python 3.8.3 集成开发和学习环境(Integrated Development and Learning Environment,IDLE),进入 Shell 窗口,如图 1-1 所示。

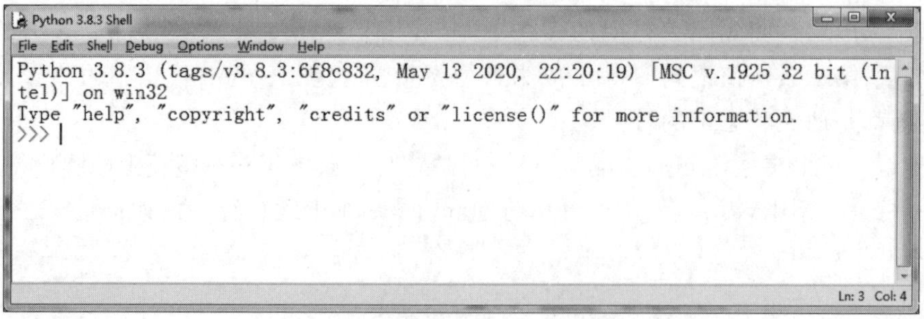

图 1-1　启动后进入 Shell 窗口

此时进入的是交互模式,提示符号">>> "(>>>后有一个空格)之后有光标在闪烁,等待用户输入。用户输入表达式、语句或代码,按 Enter 键确认之后,Python 解释器将输出表达式的值或执行语句、代码。交互模式下,适合进行一些简单的表达式、语句及函数调用等的测试。对于较复杂的代码,一般通过新建文件进入编程模式下完成。

使用 Python 3.8.3 开发一个 Python 程序一般包括以下步骤:启动 Python 3.8.3→新建文件→编辑程序→保存程序→运行程序。

1. 新建文件

新建文件可以使用组合键 Ctrl+N,或选择 File 菜单的 New File 命令,如图 1-2 所示。

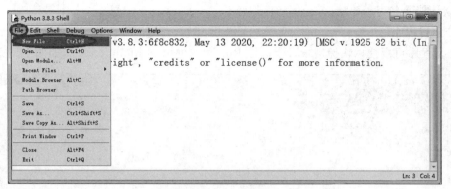

图 1-2　新建文件

2. 编辑程序

在新建的文件中输入代码，如图 1-3 所示。

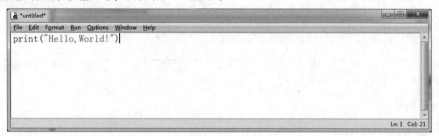

图 1-3　编辑程序

3. 保存程序

保存程序可以使用组合键 Ctrl＋S，或选择 File 菜单的 Save As 命令，选择保存的文件夹，为程序取名后单击"保存为"对话框中的"保存"按钮，如图 1-4 所示。图中文件名为

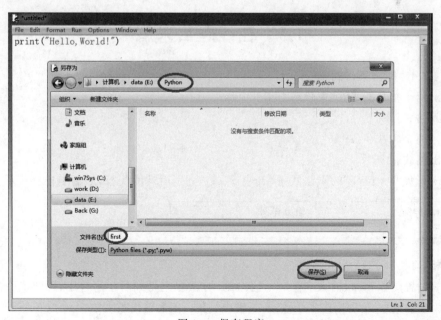

图 1-4　保存程序

first，默认扩展名为 py。

4. 运行程序

运行程序可以使用快捷键 F5，或选择 Run 菜单的 Run Module 命令，如图 1-5 所示。

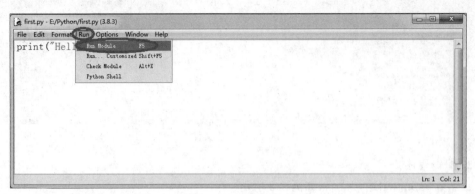

图 1-5　运行程序

运行结果"Hello，World!"显示在 Shell 窗口中，如图 1-6 所示。

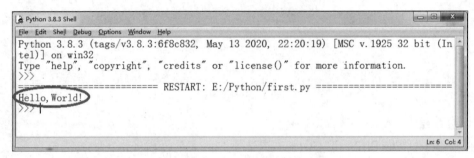

图 1-6　运行结果

1.5　在线题目求解

例 1.5.1　输出乘法式子

输出两个整数的乘法式子。

输入格式：

输入两个整数 a、b。

输出格式：

输出形如"a * b＝c"的乘法式子，其中 a、b、c 分别用其值代替，如输出样例所示。

输入样例：	输出样例：
2 5	2 * 5＝10

解析：

通过内置函数 input 输入字符串，用其 split 方法分割得到两个字符串，用内置函数 int 分别转换为整数相乘，最后用内置函数 print 输出结果。因需输出被乘数 a、乘数 b、乘积 $a * b$ 及乘号 * 与等号＝，可用多个 print 函数逐项输出，其中普通字符 * 和＝可以作为字符串常量

（以单引号或双引号界定）原样输出。具体代码如下。

```
a, b=input().split()          #输入2个字符串
c=int(a) * int(b)             #a、b转换为整数并把相乘结果赋值给c
print(a,end='')               #print默认输出后换行,若不希望换行,则把end参数置为空串
print(" * ",end='')
print(b,end='')
print("=",end='')
print(c)
```

运行结果如下。

```
10 20↵
10 * 20=200
```

上面的代码输出时用print函数逐项输出,而且要通过指定end参数为空串(单引号或双引号中无任何字符)来保证不换行,代码较烦琐。可用格式化的print函数简化编程,具体代码如下。

```
a, b=input().split()          #输入2个字符串
a=int(a)                      #把a转换为整数
b=int(b)                      #把b转换为整数
c=a * b                       #计算a * b
print("%d * %d=%d" % (a,b,c)) #格式化输出,格式字符d对应整型数据
```

格式化输出语句"print("%d * %d＝%d" %（a，b，c）)"中,双引号中的是格式控制串,格式字符d对应整型数据,输出时替代%d的多个数据以逗号分隔用小括号括起来并置于双引号之后的%之后,而普通字符 * 和＝直接写在双引号中,输出时将原样输出。

另外,也可用字符串的格式化成员函数format简化编程,具体代码如下。

```
a, b=input().split()          #输入2个字符串
a=int(a)                      #把a转换为整数
b=int(b)                      #把b转换为整数
c=a * b                       #计算a * b
print("{0} * {1}={2}".format(a,b,c))
```

""{0} * {1}＝{2}".format(a，b，c)"表示输出时把字符串"{0} * {1}＝{2}"中的3个参数{0}、{1}和{2}分别用其成员函数format中的3个参数 a、b、c 的值来代替,而普通字符 * 和＝则按原样输出。若成员函数format的各参数仅用一次,则{}中的参数序号(从0开始)可以省略,即""{} * {}={}".format(a，b，c)"。

例1.5.2　输出沙漏图形
输出如输出样例所示的沙漏图形。

输出样例：

```
*********
 *******
  *****
   ***
    *
   ***
  *****
 *******
*********
```

解析：

由于本题图形是固定的，因此可以直接逐行使用内置函数 print 输出，具体代码如下。

```
print("* * * * * * * *")
print(" * * * * * * *")
print("  * * * * *")
print("   * * *")
print("    *")
print("   * * *")
print("  * * * * *")
print(" * * * * * * *")
print("* * * * * * * *")
```

运行结果如下。

```
*********
 *******
  *****
   ***
    *
   ***
  *****
 *******
*********
```

需要注意的是，在线做题时一般每行行末是没有多余空格的，否则将得到"格式错误"的反馈。固定图形的输出可以用 print 函数逐行输出。但若不是固定的图形，那又该如何输出呢？读者可以先行思考如何编程求解"输入一个整数 n，再输出一个 $2n-1$ 行的沙漏图形"。具体代码可在熟练掌握循环语句之后再实现。

习　题

一、选择题

1. 在 Python 语言中，若多条语句写在一行上，则语句之间以（　　）间隔。

　　A. 空格　　　　　　B. 冒号　　　　　　C. 逗号　　　　　　D. 分号

2. Python 语言不可用的注释符有(　　)。

    A. //　 B. """…"""(配对的 3 个双引号)

    C. ♯　 D. '''…'''(配对的 3 个单引号)

3. Python 语言的输入函数是(　　)。

    A. printf   B. print   C. input   D. format

4. Python 语言的输出函数是(　　)。

    A. printf   B. print   C. input   D. format

5. 若有 a="123",则把 a 转换为整数的语句正确的是(　　)。

    A. a=(int) a   B. a=ord(a)   C. a=int(a)   D. a=(ord) a

6. 在一行上输入两个字符串到两个变量 a、b 中的语句正确的是(　　)。

    A. a, b=input()   B. a, b=input().split()

    C. a=input(); b=input()   D. a=input(b)

7. Python 源程序文件的扩展名为(　　)。

    A. py   B. cpp   C. txt   D. exe

8. 以下不属于面向对象语言的是(　　)。

    A. Python   B. Java   C. C++   D. C

二、在线编程题

1. 显示两句话

请编写一个程序,显示如输出样例所示的两句话。

```
输出样例:
Everything depends on human effort.
Just do it.
```

2. 输出@字符矩形

输出如输出样例所示由@字符构成的矩形。

```
输出样例:
@@@@@@@@@@@@@@@@@@@@
@@@@@@@@@@@@@@@@@@@@
@@@@@@@@@@@@@@@@@@@@
@@@@@@@@@@@@@@@@@@@@
```

3. 立方数

输入一个正整数 $x(x<1000)$,求其立方数并输出。

输入样例:	输出样例:
3	27

第 2 章　程序设计基础知识

2.1　进制基础

2.1.1　二进制

二进制**逢二进一**,每位的取值只能是 0 或 1。例如,二进制数 1001 等于十进制数 9,记作$(1001)_2=(9)_{10}$。

计算机中的整型数据是以二进制补码表示的;正数的补码(符号位为 0)和原码相同;负数的补码(符号位为 1)是将该数的绝对值的二进制形式按位取反再加 1。

求正整数原码的方法:**除以 2(基数)逆序取余数至商为 0 为止**。

例如,12(设为 2 字节长)的原码为 0000000000001100。

求负整数补码的方法:**先求负数的绝对值,接着求该绝对值的原码,再对该原码按位取反,最后再加 1**。

例如,求−12(设为 2 字节长)的补码的步骤如下。

(1) 先求−12 的绝对值 12 的原码:

0	0	0	0	0	0	0	0	0	0	0	0	1	1	0	0

(2) 按位取反:

1	1	1	1	1	1	1	1	1	1	1	1	0	0	1	1

(3) 再加 1,得−12 的补码:

1	1	1	1	1	1	1	1	1	1	1	1	0	1	0	0

由此可知,−12 的补码为 1111111111110100,其中左边的第一位(最高位)是符号位。

二进制的缺点是表示一个数需要的位数可能较多,数据书写不够简洁。方便起见,可以把二进制数转换为八进制数或十六进制数。

2.1.2　八进制与十六进制

八进制**逢八进一**,每一位的取值范围为 0~7。若将二进制数从低位到高位每三位组成一组,每组的值大小是从$(000)_2$~$(111)_2$,即 0~7,就可以把二进制数表达为八进制数。

例如,对于二进制数$(100100001101)_2$,每三位一组得到$(100\ 100\ 001\ 101)_2$,则可表示

成八进制数$(4415)_8$。

十六进制**逢十六进一**,每一位的取值范围为$0\sim15$,其中$10\sim15$分别用A、B、C、D、E、F(或a、b、c、d、e、f)表示。若将二进制数从低位到高位每4位一组,每组的取值范围为$(0000)_2\sim(1111)_2$,即$0\sim15$,就可以把二进制数表达为十六进制数。

例如,把二进制数$(100100001101)_2$每4位一组得到$(1001\ 0000\ 1101)_2$,则可以表示成十六进制数$(90D)_{16}$。

2.1.3 进制转换

十进制数转换为其他进制数的方法如下。

(1) **整数部分**:除以基数逆序取余数至商为**0为止**;

(2) **小数部分**:乘以基数顺序取整数部分至(去掉整数后的)小数为**0或达到需要的精度为止**。

例如:
$$(123)_{10}=(01111011)_2=(173)_8=(7B)_{16}$$
$$(0.8125)_{10}=(0.1101)_2=(0.64)_8=(0.D)_{16}$$

十进制数123转换为八进制数的过程如图2-1所示。

```
8 | 123
    8 | 15  …… 3
        8 | 1 …… 7
            0 …… 1
```

图 2-1 十进制数123转换为八进制数

因为逆序取余数分别为1、7和3,所以得到八进制数为$(173)_8$。

十进制数0.8125转换为二进制数,过程如表2-1所示。

表 2-1 十进制数0.8125转换为二进制数

步　骤	乘以2	整 数 部 分	小 数 部 分
Step1	$0.8125\times2=1.625$	1	0.625
Step2	$0.625\times2=1.25$	1	0.25
Step3	$0.25\times2=0.5$	0	0.5
Step4	$0.5\times2=1$	1	0

即将小数部分不断乘以2并顺序取得整数部分1、1、0和1,所以得到$(0.1101)_2$。注意,不能漏写"0."。

其他进制数转换为十进制数时,采用**按权相加**法,即根据按权展开式计算。设基数为b,共有n位的其他进制数为$k_1k_2\cdots k_{n-1}k_n$,则k_n的权值为b^0,k_{n-1}的权值为b^1,$\cdots$,k_1的权值为b^{n-1},则十进制数$d=\sum_{i=1}^{n}k_i\times b^{n-i}$。例如:
$$(173)_8=1\times8^2+7\times8^1+3\times8^0=(123)_{10}$$
$$(7B)_{16}=7\times16^1+11\times16^0=(123)_{10}$$

2.2 标识符、常量、变量与序列

2.2.1 标识符

Python 标识符通常用作变量、函数、类及其他对象的名字。

Python 标识符一般由字母、数字和下画线构成,且不能以数字开头。例如,a、X、_s、y_1 等是合法的标识符,而 1a、a b、a.b 等都是非法的标识符。

Python 标识符区分字母的大小写,例如,max、Max 是两个不同的标识符。

注意,Python 用户自定义标识符不能与关键字同名。Python 的关键字可以先在 Shell 窗口交互模式下调用内置函数 help 进入帮助状态("＞＞＞"更改为"help＞"),再输入 keywords 获得,具体包括 False、class、from、or、None、continue、global、pass、True、def、if、raise、and、del、import、return、as、elif、in、try、assert、else、is、while、async、except、lambda、with、await、finally、nonlocal、yield、break、for、not 等关键字。

若需要进一步了解各个关键字,可以在帮助状态输入该关键字获得更详细的帮助信息。当帮助信息的行数较多时,信息不直接显示而挤压显示为一个按钮,此时可双击提示挤压信息的按钮,或右击该按钮选择 view 查看详细帮助信息。若需退出帮助状态,则在帮助状态输入 quit 命令即可。

读者若需自主学习 Python 相关知识,则可在 Shell 窗口的帮助状态下输入关键字或函数名等获取帮助信息。

另外,内置函数名(如 sum、max、min 和 print 等)也可作为用户自定义标识符,但之后相应内置函数失效。

2.2.2 常量

常量是在程序运行过程中其值始终保持不变的量。根据类型不同,常量可分为整型常量、实型常量、字符串常量和逻辑常量等。

1. 整型常量

整型常量(类型为＜class 'int'＞)包括十进制、八进制和十六进制等形式。例如:

十进制:123 (以非 0 数字开头)

二进制:0b11 (以 0b 或 0B 开头,等于十进制数 3)

八进制:0o123 (以 0o 或 0O 开头,等于十进制数 83)

十六进制:0x123 (以 0x 或 0X 开头,等于十进制数 291)

0x7fffffff(等于十进制数 2 147 483 647)

0x80000000(等于十进制数 2 147 483 648)

二进制整型常量以 0b 或 0B 开头,如 0b111 表示二进制数 111,等于十进制数 7;八进制整型常量以 0o 或 0O 开头,如 0o12 表示八进制数 12,等于十进制数 10;十六进制整型常量以 0x 或 0X 开头,如 0x12 表示十六进制数 12,等于十进制数 18。

在 Python 中,可认为整型数据的长度不受限,如此一来,在 C 或 C++ 中,代码量较大的大整数加、减、乘、除等高精度运算在 Python 中处理起来非常简单。例如,两个大整数的加法直接使用运算符＋即可,而 1000 的阶乘也可以把 1～1000 直接乘到整型连乘单元(初值为 1)中。

2. 实型常量

实型常量也称浮点型常量(类型为＜class 'float'＞),通常有小数和指数两种表示形式。例如:

小数形式:12.3

指数形式:1.23e1(表示 $1.23×10^1$,即 12.3),1e-9(表示 $1×10^{-9}$,即 0.000 000 001)

指数形式的实型常量需用字母 e 或 E,而且 e 或 E 后应是一个整数。

3. 字符串常量

字符串常量(类型为＜class 'str'＞)是用一对双引号""或一对单引号''(Python 默认的字符串界定符)括起来的若干字符,例如,"hello world"、"你好"、""(空串,也可以是'')、"   "(空格串,引号中至少一个空格符,也可以是'   ')、'C/C++'、'Python'等。注意,以单引号引起来的单个字符在 Python 中也是字符串类型,如'a'、'A'、'@'都是字符串常量。但单引号或双引号引起来的单个字符可按字符处理,如 ord('a')或 ord("a")得到字符'a'的 Unicode 码值 97。

以反斜杠"\"开头的字符是转义字符,例如:'\n'是换行符,'\r'是回车符,'\t'是水平制表符,'\\'是反斜杠"\",'\"'是双引号""(也可用''"表示,一对单引号中有一个双引号)、'\''单引号"'"(也可用""'表示,一对双引号中有一个单引号)。

在 Python 3 中,字符按 Unicode 编码,Unicode 又称统一码、万国码、单一码,一般一个字符用两字节表示,这与一个字符用一字节表示的 ASCII 码(美国信息交换标准码)不同。当然,对于 ASCII 码值范围[0,127]内的字符,其 Unicode 码值与 ASCII 码值是相等的。可用内置函数 ord 求得字符的 Unicode 码值,可用内置函数 chr 求得 Unicode 码值对应的字符。例如:

```
>>>ord('0')
48
>>>ord('\0')
0
>>>ord('z')
122
>>>ord('Z')
90
>>>ord('\n')
10
>>>ord('\r')
13
>>>ord('人')
20154
>>>chr(48)
'0'
```

```
>>>chr(65)
'A'
>>>chr(97)
'a'
>>>chr(25105)
'我'
```

数字字符'0'～'9'的 Unicode 码值范围是[48，57]，大写字母'A'～'Z'的 Unicode 码值范围是[65，90]，小写字母'a'～'z'的 Unicode 码值范围是[97，122]。

4. 逻辑常量

逻辑常量也称布尔常量（类型为<class 'bool'>），仅包含 True（逻辑"真"）、False（逻辑"假"）两个值。

以上这些常量及元组属于不可变对象，而后面涉及的列表、集合、字典属于可变对象。判断一个对象是否是可变对象是以其相应内存单元中的内容（值）是否可以更新作为依据的。

2.2.3 变量

变量是程序运行过程中其值可以改变的量。Python 中的变量不需指定数据类型，但在使用前都必须赋值，因为在 Python 中通过赋值语句完成变量的创建（同时也确定数据类型）。注意，在 Python 中，变量在内存中不存在其本身实际的存储单元，仅是其引用的对象（在内存中存在实际的存储单元）的一个标识。当然，作为对象的标识，可通过变量使用其引用的对象。因此，可以通过变量名获得变量值、变量的内存地址（可用内置函数 id 求得）及变量的类型（可用内置函数 type 求得）。例如：

```
>>>a=1                  #通过赋值语句创建变量
>>>print(a, id(a), type(a))    #输出变量的值、内存地址及类型
1 1484126128 <class 'int'>
```

若把变量 a 理解为一个小房间的名字，则用 id(a)求得的内存地址（多次运行得到的结果可能各不相同）相当于这个小房间的门牌号。把变量 a 赋值为 1 相当于把内存中存放对象 1 的小房间取名为 a，而输出变量 a 则将输出该房间中的内容（值）。

1. 创建变量

```
>>>a=1;b=2                  #创建 2 个整型变量 a,b
>>>a
1
>>>b
2
>>>d=3.14159                #创建实型变量
>>>d
```

```
3.14159
>>>s='Python'                          #创建字符串变量
>>>s
'Python'
>>>flag=True                           #创建逻辑型变量
>>>flag
True
```

2. 变量的输入、输出

```
>>>a=input()                           #输入字符串变量,确认输入需按 Enter 键
Hello Python ↵
>>>a
'Hello Python'
>>>print(a)                            #输出变量 a 的值,自动换行
Hello Python
>>>b=int(input())                      #输入整型变量(实际上是输入字符串再转换为整型)
123 ↵
>>>print(b)                            #输出变量 b 的值,自动换行
123
>>>d=float(input())                    #输入实型变量(实际上是输入字符串再转换为实型)
12.345678 ↵
>>>d
12.345678
>>>print("%.2f" %d)                    #输出实型数据,保留 2 位小数
12.35
>>>print("%.2f %.2f" %(d,b*b*d))       #输出两个实型数据,各保留 2 位小数
12.35 186777.76
>>>from math import *                   #导入数学模块 math 的所有内容
>>>print("%.2f %.2f" %(e,pi))          #使用 math 模块中的自然常数 e 和圆周率 pi
2.72 3.14
```

创建变量之后,若更新变量的值,则实际上是使该变量成为其他对象的引用。例如:

```
>>>a=1                                 #变量 a 是对象 1 的引用
>>>id(1); id(a)
1381562288
1381562288
>>>a=3; id(3)                          #变量 a 成为新对象 3 的引用
1381562320
>>>id(a)
1381562320
```

语句序列 $a=1$;$a=3$ 在用对象"1"创建变量 a 后,把 a 的值更新为 3,实际上是使 a 成

程序设计基础知识

为对象"3"的引用，如图2-2所示。但在编程时，可把 $a=1$；$a=3$ 简单理解为先后将 a 赋值为 1 和 3。

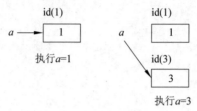

图 2-2 变量更新示意图

2.2.4 序列

序列是可以通过下标或序号等索引来访问其中各个数据（元素）的一类数据容器，如字符串、列表和元组等。

字符串以单引号或双引号为界定符，如""、''、"Python"、'Programming'，字符串的类型为＜class 'str'＞。

列表以中括号为界定符，如空列表[ ]、[1, 2, 3, 4, 5]，列表的类型为＜class 'list'＞。

元组以小括号为界定符，如空元组( )、(1, 2, 3, 4, 5)，元组的类型为＜class 'tuple'＞。

内置函数 type 求得序列及其他对象的类型，内置函数 len 求得字符串、列表、元组等序列及其他可迭代对象的长度（元素个数）。

序列通过"**序列名[下标]**"或"**序列名[－序号]**"等带[ ]的形式引用序列中的各个元素。Python 的下标默认从 0 开始，最大的下标为序列长度减 1。若[ ]中为"－序号"，则表示取倒数第"序号"个元素。例如：

```
>>>s="abcdefg"            #创建字符串 s
>>>s[0]                   #取字符串 s 的第一个字符（下标为 0）
'a'
>>>s[6]                   #取字符串 s 的最后一个字符（下标为 6）
'g'
>>>s[-1]                  #取字符串 s 的倒数第一个字符（序号为 1）
'g'
>>>s[-7]                  #取字符串 s 的倒数第 7 个字符（序号为 7）
'a'
>>>s[3]                   #取字符串 s 的第 4 个字符（下标为 3）
'd'
>>>s[-4]                  #取字符串 s 的倒数第 4 个字符（序号为 4）
'd'
```

1. 列表

列表是由若干元素置于中括号中而构成的一种序列，若中括号中无元素，则为空列表，非空列表的元素之间以逗号间隔。例如：

```
>>>l=[]                          #创建空列表 l(字母 L 的小写)
>>>type(l)                       #求得 l 的类型
<class 'list'>
>>>l=[1,3,5]                     #创建包含三个元素的列表
>>>len(l)                        #求得 l 的长度
3
>>>print(l[0], l[1], l[2])       #通过下标访问列表中的各元素
1 3 5
```

可用内置函数 list 将可迭代对象转换为列表。例如：

```
>>>s='abcdefg'                   #创建字符串 s
>>>s=list(s)                     #把字符串 s 转换为列表 s
>>>s
['a', 'b', 'c', 'd', 'e', 'f', 'g']
```

更多的列表知识详见后续相关章节。

2. 元组

元组是由若干元素置于小括号中而构成的一种序列,若小括号中无元素,则为空元组,非空元组的元素之间以逗号间隔。若元组中仅包含一个元素,则该元素后需添加一个逗号,否则小括号将被理解为改变优先级的界定符。可用内置函数 tuple 将可迭代对象转换为元组。例如：

```
>>>t=()
>>>type(t)
<class 'tuple'>
>>>t=(1)                         #如此并非创建元组,() 被认为是改变优先级的界定符
>>>type(t)
<class 'int'>
>>>t=(1,)                        #创建包含一个元素的元组
>>>type(t)
<class 'tuple'>
>>>t
(1,)
>>>t=(1,3,5)
>>>print(t[0], t[1], t[2])
1 3 5
>>>t=(1,2,3,4,5)                 #创建包含 5 个整数的一个元组
>>>print(t)
(1, 2, 3, 4, 5)
>>>print(len(t))                 #内置函数 len 求对象的长度,此处求元组 t 的长度
5
>>>print(t[1],t[4])              #输出元组中下标为 1 和 4 的元素
```

```
2 5
>>>t=list(t)                    #元组 t 转换为列表 t
>>>t
[1, 2, 3, 4, 5]
>>>t=tuple(t)                   #列表 t 转换为元组 t
>>>t
(1, 2, 3, 4, 5)
```

注意,元组是不可变对象,不能进行项赋值(即给其某个元素赋值)。例如:

```
>>>t=(1,2,3,4,5)            #创建一个包含 5 个整数的元组
>>>t[0]=6                   #企图把第一个元素改为 6 时,产生以下错误信息
Traceback (most recent call last):
File "<pyshell#1>", line 1, in <module>
    t[0]=6
TypeError: 'tuple' object does not support item assignment
```

3. 字符串

字符串也是一种序列,可用下标访问其中的元素。可用内置函数 str 将其他类型对象转换为字符串。例如:

```
>>>s="abc"
>>>print(s[0], s[1], s[2])
a b c
>>>type(s)
<class 'str'>
>>>len(s)
3
```

注意,字符串是不可变对象,不能进行项赋值。例如:

```
>>>s="abcdefg"
>>>s[0]='A'                 #企图把首字母改为大写时,产生以下错误信息
Traceback (most recent call last):
  File "<pyshell#1>", line 1, in <module>
    s[0]='A'
TypeError: 'str' object does not support item assignment
```

更多的字符串知识详见 2.4 节。

切片是截取字符串、列表和元组等序列中连续若干元素的一种重要操作,其形式如下。

序列名[**start : stop : step**]

若考虑 step 取默认值 1 的情况,则切片操作形式如下。

序列名[**start : stop**]

若 start 和 stop 为非负数，表示截取从起始下标 start 到终止下标 stop－1 的这一段元素；若 start 或 stop 为负数，则表示从倒数第－start 元素开始截取或截取至倒数第－stop 元素之前。start 和 stop 可根据需要省略，若 stop 省略，则其值为序列长度，表示取完为止；若 start 省略，则表示从下标为 0 的元素开始取；若 start 和 stop 都省略，则表示取所有元素。例如：

```
>>>l=[1,2,3,4,5]              #创建列表 l(l 是字母 L 的小写)
>>>l[0:3]                     #截取 l[0]～l[2]
[1, 2, 3]
>>>l[len(l)//2:]             #截取后半部分(l[2]～l[4])
[3, 4, 5]
>>>l[1:]                      #截取去掉 l[0]后的剩余部分(l[1]～l[4])
[2, 3, 4, 5]
>>>l[:4]                      #截取 l[4]之前的部分(l[0]～l[3])
[1, 2, 3, 4]
>>>l[:]                       #截取整个列表(l[0]～l[4])
[1, 2, 3, 4, 5]
>>>s="abcdefghijk"           #创建字符串 s
>>>len(s)
11
>>>s[1:5]                     #截取 s[1]～s[4]
'bcde'
>>>s[0:1]                     #截取第 1 个字符 s[0]
'a'
>>>s[len(s)-3:]              #截取后 3 个字符(s[8]～s[10])
'ijk'
>>>s[0:3]                     #截取前 3 个字符(s[0]～s[2])
'abc'
>>>t=(1,2,3,4,5)             #创建元组 t
>>>t[1:4]                     #截取下标从 1 到 3 的所有元素(t[1]～t[3])
(2, 3, 4)
>>>t[2:]                      #截取下标从 2 开始的所有元素(t[2]～t[4])
(3, 4, 5)
>>>t[:3]                      #截取下标 3 之前的元素(即 t[0]～t[2])
(1, 2, 3)
>>>s="abcdefg"
>>>s[:-1]                     #截取倒数第 1 个之前的字符(即 s[0]～s[5])
'abcdef'
>>>s[-5:-1]                   #截取从倒数第 5 个到倒数第 1 个之前的字符(即 s[2]～s[5])
'cdef'
>>>s[-7:-2]                   #截取从倒数第 7 个到倒数第 2 个之前的字符(即 s[0]～s[4])
'abcde'
>>>s[0:-2]                    #截取从第 1 个到倒数第 2 个之前的字符(即 s[0]～s[4])
```

```
'abcde'
>>>s[2:-1]                          #截取从第 3 个到倒数第 1 个之前的字符（即 s[2]～s[5]）
'cdef'
>>>s[-5:5]                          #截取从倒数第 5 个到下标为 5 之前的字符（即 s[2]～s[4]）
'cde'
```

列表是可变类型的数据，因此可以更新列表元素。使用内置函数 list 可以把其他可迭代对象转换为列表。因此，若希望更新字符串的某些字符，可以先用 list 函数把字符串转换为列表后更新，再用字符串的成员函数 join 把列表元素（每个元素为一个字符）拼接为字符串。元组也可以先用 list 函数转换为列表后更新，再用内置函数 tuple 转换为元组。例如：

```
>>>s="abc"                          #创建字符串 s
>>>s=list(s)                        #把 s 转换为列表，每个字符作为一个元素
>>>s[0]='A'                         #更新列表元素 s[0]
>>>print(s)                         #输出列表 s
['A', 'b', 'c']
>>>s="".join(s)                     #以空串为间隔符拼接列表中的所有元素为一个字符串
>>>print(s)
Abc
>>>t=(1,3,5,7,9)                    #创建元组 t
>>>t=list(t)                        #把元组 t 转换为列表 t
>>>t[0]=2                           #更新列表元素 t[0]
>>>t=tuple(t)                       #把列表 t 转换为元组
>>>t
(2, 3, 5, 7, 9)
```

语句“s＝"".join(s)”在拼接列表 *s* 中的所有元素为一个字符串 *s* 时，以空串为间隔符，即各字符之间无间隔符；若""（空串）改为" "（引号中有一个空格），则各字符之间以一个空格间隔。当然，也可用其他字符作为间隔符。

2.2.5 部分常用内置函数

在前面的章节中，已经涉及 input、print、type、len、ord、str、chr、list 和 tuple 等内置函数。表 2-2 列出 Python 部分常用的内置函数。

表 2-2 部分常用内置函数

函　　数	功　　能	示　　例
input(prompt＝None)	按字符串类型的提示信息 prompt（可省略）输入字符串数据	`>>>s=input()` `>>>s = input ('Please input a string: ')`

print(val, …, sep=' ', end='\n')	以间隔符 sep（默认为一个空格）输出以逗号分隔的若干输出项 val, …, 并以结束符 end（默认为换行符）结尾	`>>>print(123,'abc')`
		`>>>print(1,2,3,sep='*',end='')`
		`>>>print('%.2f'%3.14159)`

函　　数	功　　能	示　　例
id(obj)	返回对象 obj 的内存地址	>>>a=1; id(a)
type(obj)	返回对象 obj 的类型	>>>s='0000000000'; type(s)
len(iterable)	返回可迭代对象 iterable 的长度（元素个数）	>>>b=[1,2,3,4,5]; len(b) >>>len('abcdefg')
int(obj)	返回数值或数字字符串对象 obj 转换而成的整数	>>>int(12.34); int('123') >>>int('1')
float(obj)	返回数值或数字字符串对象 obj 转换而成的实数	>>>float(123) >>>float("123.56")
str(obj)	返回对象 obj 转换而成的字符串	>>>str(123.56); str(1)
ord(obj)	返回字符对象 obj 的 Unicode 码值	>>>ord('A'); ord('a'); ord('0') >>>ord('\n')
chr(obj)	返回整型对象 obj(Unicode 码值) 对应的字符	>>>chr(13+(ord('A') 10)) >>>chr(ord('A')+32) >>>chr(ord('a')-32)
abs(val)	返回 val 的绝对值	>>>abs(-38000)
sum(iterable,start=0)	对数值型可迭代对象 iterables 从 start(默认为 0)开始求和	>>>sum((2,5,8)) >>>sum([1,3,5,7],2)
max(iterable [,key= func]) 或 max(arg1,arg2, * args [, key=func])	根据关键字参数 key 指定函数 func 的返回值,对可迭代对象 iterables 或不定长的若干参数 arg1,arg2,…求最大值	>>>max([2,8,5]) >>>max(2,5,8) >>>max(3,-8,5,key= lambda x:abs(x))
min(iterable [,key= func]) 或 min(arg1,arg2, * args [, key=func])	根据关键字参数 key 指定函数 func 的返回值,对可迭代对象 iterables 或不定长的若干参数 arg1,arg2,…求最小值	>>>min((2,5,8)) >>>min(8,2,5) >>>min(-3,-8,-5,key= lambda x: abs(x))
map(func, * iterables)	根据函数参数 func,对不定长的若干可迭代对象 iterables 做映射,返回一个 map 对象	>>>map(int, "12 34 56".split())
range([start,] stop[, step])	返回初值为 start(默认值为 0),终值为 stop(不包含),步长为 step(默认值为 1)的数列	>>>range(10) >>>range(1,11) >>>range(1,100,2) >>>range(10,-1,-1)
list(iterable=())	返回可迭代对象 iterable 转换而成的列表	>>>s=list("abcde") >>>a=list(range(10)) >>>a=list(map(int,input().split()))
tuple(iterable=())	返回可迭代对象 iterable 转换而成的元组	>>>s=tuple("abcde") >>>a=tuple(range(10)) >>>a=tuple(map(int,input().split()))

23

第 2 章

表 2-2 中的内置函数 max、min 的示例使用了 lambda 匿名函数"lambda x:abs(x)"，该函数表示对于参数 x 返回其绝对值 abs(x)，示例"max(3，−8,5,key＝lambda x:abs(x))"表示对 3、−8,5 按绝对值求最大值(结果为−8)，示例"min(−3，−8，−5,key＝lambda x:abs(x))"表示对−3、−8、−5 按绝对值求最小值(结果为−3)。

表 2-2 中的内置函数 map 的示例"map(int, "12 34 56".split())"相当于"map(int, ["12", "34", "56"])"，表示对列表["12", "34", "56"]中的每个字符串调用内置函数 int，即将各字符串转换为整数，最终得到类型＜class 'map'＞的映射对象。

内置函数 range([start,] stop [，step])产生一个数列(类型为＜class 'range'＞)，参数 stop 表示终止值，但该值不包含在数列中。可缺省参数 start 表示起始值，默认为 0；可缺省参数 step 表示步长(后一个数与前一个数的差值)，默认为 1，若 step 为负数，则 start 应大于 stop，从而产生从大到小的数列。

建议读者在 IDLE 交互模式下运行表 2-2 中的示例并观察运行结果，加深理解这些内置函数的用法。对于困惑之处，可查阅帮助或其他参考资料进一步学习、测试，实践出真知。

2.3 运 算 符

2.3.1 算术运算符

算术运算符有＋(加)、−(减)、＊(乘)、/(除)、//(取整除，例如 5//2＝2)、％(求余，取模，读作 mod)、＊＊(幂，例如 2＊＊3＝8)。由算术运算符构成的式子称为算术表达式。其他表达式也可由运算符命名，例如，赋值表达式、关系表达式、逻辑表达式等。

思考两个问题：

(1) 如何判断 n 是否偶数？

(2) $n＝123$，如何取 n 的各数位上的数字？

对于问题(1)，可以考虑 n 除以 2 后余数是否为 0，即 $n\%2==0$，其中 == 是等于运算符。

问题(2)是一个数位分离问题，即把一个整数的每个数位取出来，对于此问题，可以考虑用％、//运算符。例如，$n＝123$，则 $n\%10＝3$，$n//10\%10＝2$，$n//100＝1$。

＋、−也可用在一个数值型数据之前表示该数据的符号(正号、负号)，如−1，此时＋、−是单目运算符；当有两个运算数时，＋、−分别为加号和减号，此时＋、−是双目运算符。

数学上的式子 $2i$，在写 Python 代码时须写成 $2＊i$，即乘号需明确写出。

若 a、b 都为整数，则 $a//b$ 的结果为整数。例如，5//2＝2、2//5＝0；若 a、b 不都为整数，则 $a//b$ 的结果为实数，例如，5//2.0＝2.0，5.0//2＝2.0。

注意，5/2＝2.5，5//2＝2，也就是说，若要取两个整数相除的整数商，需用取整除运算符//。

％一般作用于整数，$a\%b＝a-b\times\left\lfloor\dfrac{a}{b}\right\rfloor$，$a \% b$ 的结果与 b 同号，如 5％2＝1，−5％−2＝−1，13％−4＝−3，−13％4＝3。$\lfloor x\rfloor$ 表示对 x 向下取整，即取不大于 x 的最大整数，例如 $\lfloor 3.9\rfloor$ 等于 3。

算术表达式的求值顺序：先求幂，再乘、除、取整除、取模，最后加、减。此求值顺序表明了运算符的优先级。用圆括号可以改变表达式的求值顺序。

2.3.2 赋值运算符

思考：设 a、b 分别等于 1、3，如何交换 a、b 两个变量的值？

可以借助一个临时变量 t，使用如下语句：

```
t=a; a=b; b=t          #多条语句写在一行上时,可用;间隔各条语句
```

这三条语句中的＝即为赋值运算符，其功能是将＝右边的表达式的值赋给其左边的变量。例如，上面的 $t=a$ 是把 a 的值 1 赋给变量 t，使得 t 的值为 1。

或者使用如下更简洁的赋值语句：

```
a, b=b, a;
```

这个赋值语句的含义是把原来的 b 值赋值给 a，把原来的 a 值赋值给 b。

由赋值运算符构成的式子称为赋值表达式，如 $t=a$ 是一个赋值表达式。

赋值表达式的形式如下。

```
变量 1[,变量 2,…, 变量 n]=表达式 1[,表达式 2,…, 表达式 n]
```

描述语法时，中括号[ ]表示其中为可选项。此式表示把"表达式 1"的值赋值给"变量 1"，把"表达式 2"的值赋值给"变量 2"，……，把"表达式 n"的值赋值给"变量 n"。

思考：把 1、2、3 赋值给 3 个变量 a、b、c 有哪些写法？其中，比较简洁的一种写法如下。

```
a, b, c=1, 2, 3
```

赋值运算符可以与算术等运算符构成赋值缩写，如 $a=a+b$ 可以缩写为 $a+=b$；而 $a *=2$ 表示 $a=a*2$，$a+=1$ 表示 $a=a+1$。

语句 $a=b=1$ 的作用是把变量 a、b 同时赋值为 1，执行的顺序如下。

```
b=1; a=b
```

可见，赋值运算符"＝"的结合性是从右往左结合的。

2.3.3 关系运算符与逻辑运算符

仅由关系运算符或逻辑运算符构成的表达式分别称为关系表达式或逻辑表达式，这两种表达式的值为逻辑值 True 或 False。if 语句的条件和循环语句的循环条件通常是结果为 True 或 False 的表达式。

1. 关系运算符

思考：给定 3 个正整数 a、b、c，如何表达这 3 个整数能构成三角形的条件？

对于能构成三角形的 3 条边,要求任意两边之和大于第三条边。即要求满足条件:$a+b>c$ 且 $a+c>b$ 且 $b+c>a$。

其中,$>$ 就是关系运算符中的"大于"运算符;"且"可用逻辑运算符 and 表示。

关系运算符也可称为比较运算符,共有 6 种:==(等于)、!=(不等于)、>(大于)、<(小于)、>=(大于或等于)、<=(小于或等于)。

关系运算后的结果为逻辑值 True 或 False。例如,3!=5 结果为 True,3>5 结果为 False。

在 Python 中,6 种关系运算符的优先级相同。

2. 逻辑运算符

思考两个问题:

(1) 如何判断 n 同时是 3、5、7 的倍数?

(2) 给定年份 year,如何判断该年份是闰年?

其中,闰年的判定规则如下。

若年份 year 为闰年,则 year 能被 4 整除但不能被 100 整除,或者 year 能被 400 整除。例如,1900、2021 不是闰年,2000、2012、2020 是闰年。

显然,是否倍数、能否整除可以用％和关系运算符表达;而且,问题(1)需要表达"并且"的关系;问题(2)要表达"并且"和"或者"的关系,这可以用逻辑运算符。

逻辑运算符包括 not(非)、and(与)、or(或)。逻辑表达式的结果为 True 或 False。运算规则如下。

(1) not a:若 a 为 True 则 not a 为 False,若 a 为 False 则 not a 为 True;

(2) a and b:若 a、b 同时为 True 则 a and b 为 True,否则为 False。

(3) a or b:若 a、b 同时为 False 则 a or b 为 False,否则为 True。

逻辑运算符的优先级相同,处于最低一级。

通过关系运算符和逻辑运算符,可以得到前面思考题中的表达式。

判断 3 个整数能构成三角形的条件可以表示如下。

```
a+b>c and a+c>b and b+c>a
```

判断整数 n 同时是 3、5、7 倍数的条件可以表示如下。

```
n%3==0 and n%5==0 and n%7==0
```

判断年份 year 是闰年的条件可以表示如下。

```
year%4==0 and year%100!=0 or year%400==0
```

思考:如何用 Python 表达式表示数学式 $1 \leqslant x \leqslant 10$?

通常,需要同时满足的若干条件用逻辑与运算符 and 连接。因此,数学式 $1 \leqslant x \leqslant 10$ 可以用类似 C 或 C++ 中的如下表达:

```
1<=x and x<=10
```

在 Python 中,数学式 $1\leqslant x\leqslant 10$ 也可以直接表示如下。

```
1<=x<=10
```

2.3.4 位运算

由于位运算执行效率更高,在程序设计竞赛中经常使用位运算提高程序执行效率,有些题目可以运用位运算表达的算法来避免超时。位运算时,运算数转换为二进制补码形式,按位进行运算得到运算结果。位运算符共有 6 种:&(按位与)、|(按位或)、^(按位异或)、~(按位取反)、<<(左移)、>>(右移)。下面用二进制数表达整数时,一般仅给出低 8 位,而省略高位 0。

1. 按位与

按位与运算符 & 是双目运算符,运算规则:同 1 才 1,有 0 则 0。即参与运算的两数各对应的两个二进制位均为 1 时,结果位才为 1,否则为 0。

例如,9&3 的运算式如下。

```
     00001001    (9 的二进制补码)
&    00000011    (3 的二进制补码)
     00000001    (1 的二进制补码)
```

即 9&3=1。

按位与运算通常用来对某些位清 0 或保留某些位。

例如,对于 2 字节的短整型变量 a,表达式 $a=a\&255$ 将把 a 的高 8 位清 0 而保留其低 8 位。因为 255 的二进制数为 0000000011111111,而 a 对应位与 0 相与得 0,与 1 相与得原值。

2. 按位或

按位或运算符 | 是双目运算符,运算规则:同 0 才 0,有 1 则 1。即参与运算的两数各对应的两个二进制位有一个为 1 时,结果位就为 1,同时为 0 时结果位才为 0。

例如,9|3 的运算式如下。

```
     00001001
|    00000011
     00001011    (11 的二进制补码)
```

即 9|3=11。

3. 按位异或

按位异或运算符 ^ 是双目运算符,运算规则:异为 1,同为 0。即参与运算的两数各对应的两个二进制位相异时,结果为 1,否则为 0。

例如,9^3 的运算式如下。

```
     00001001
^    00000011
     00001010    (10 的二进制补码)
```

即 9^3＝10。

对于变量 a、b，有 a^a＝0，a^0＝a，a^b＝b^a。

4. 按位取反

按位取反运算符～为单目运算符，运算规则：反 0 为 1，反 1 为 0。即参与运算的数的各二进制位若为 0 则求反为 1，否则求反为 0。

例如，～10 的运算如下。

～(00001010)₂ 得 (11110101)₂，转换为十进制数：符号位 1 不变，数值位按位取反再加 1(或先减 1 再按位取反)得 (10001011)₂，结果为－11。

对于整数 n，～n＝－(n＋1)，～～n＝n。

5. 左移

左移运算符＜＜是双目运算符，运算规则：把＜＜左边的运算数的各二进制位全部左移其右边的运算数指定的位数，高位丢弃，低位补 0。

例如，设整数 a＝5，则 a＜＜4 表示把 a 的各二进制位向左移动 4 位，运算如下。

a＝(00000101)₂，左移 4 位后得 (01010000)₂，即十进制数 80。

可见，对于整数 a 和正整数 n，a＜＜n 相当于 $a*2^n$。

6. 右移

右移运算符＞＞是双目运算符，运算规则：把＞＞左边的运算数的各个二进制位全部右移其右边的运算数指定的位数。

例如，设整数 a＝25，则 a＞＞2 表示把 a 的各二进制位向右移动 2 位，运算如下。

a＝(00011001)₂，右移 2 位后得 (00000110)₂，即十进制数 6。

可见，对于正整数 a 和 n，a＞＞n 相当于 $a//2^n$。

对于有符号数，在右移时，符号位将随同移动。当为正数时，最高位补 0；而为负数时，符号位为 1，最高位是补 0 还是补 1 取决于编译系统的规定，而很多编译系统的规定是补 1。例如，在 Python 下，－9＞＞2＝－3，分析如下。

－9 的补码：11110111

右移 2 位(最高位补 1)：11111101

符号位不变，数值位按位取反再加 1：10000011

转换为十进制数为－3。

位运算符优先级从高到低为：～、(＜＜、＞＞)、&、(^、|)。

2.3.5 运算符重载

前面介绍的一些运算符，在用于其他类型数据时运算符的含义发生变化，可称为运算符重载。例如，对于运算符＋，用于两个数值型数据时表示"加法"；用于两个字符串数据时，表示"字符串连接"；用于两个一维列表时，表示"列表合并"；用于两个元组时，表示"元组合并"，如下所示：

```
>>>a,b=1,2                    #创建两个整数变量
```

```
>>>a+b                          #此处的+表示加法
3
>>>s,t="abc","123"              #创建两个字符串变量
>>>s+t                          #此处的+表示字符串连接
'abc123'
>>>m,n=[1,3,5],[2,4,6]          #创建两个一维列表
>>>m+n                          #此处的+表示列表合并
[1, 3, 5, 2, 4, 6]
>>>e,f=(1,3,5),(2,4,6)          #创建两个元组
>>>e+f                          #此处的+表示元组合并
(1, 3, 5, 2, 4, 6)
```

运算符−、|、& 和^也可用于两个集合之间,分别用于求得集合的差集、并集、交集和对称差集(不同时出现在两个集合中的元素构成的集合)。集合是由不重复元素构成的可迭代对象,可用大括号"{}"界定若干元素表示一个集合。注意,空的大括号表示空字典,空集合需用内置函数 set 创建。例如:

```
>>>s={}                         #创建空字典
>>>type(s)                      #s 是字典类型
<class 'dict'>
>>>s=set()                      #创建空集合
>>>type(s)                      #s 是集合类型
<class 'set'>
>>>s={1,3,5,7}                  #创建集合 s
>>>s
{1, 3, 5, 7}
>>>a,b={6,3,2,1},{6,9,1}        #创建集合 a、b
>>>a-b                          #运算符-用于集合,求两个集合的差集
{2, 3}
>>>a|b                          #运算符|用于集合,求两个集合的并集
{1, 2, 3, 6, 9}
>>>a&b                          #运算符 & 用于集合,求两个集合的交集
{1, 6}
>>>a^b                          #运算符^用于集合,求两个集合中对称差集
{2, 3, 9}
```

注意,集合中的各元素不一定有序。例如:

```
>>>a=set("hgsf")                #创建字符集合 a
>>>a                            #集合中的元素不一定有序
{'s', 'h', 'f', 'g'}
>>>b=set("dfg")                 #创建字符集合 b
>>>b
{'d', 'f', 'g'}
```

程序设计基础知识

```
>>>a-b
{'s', 'h'}
>>>b={11.2,12.3,10.2}
>>>b                      #集合中的元素不一定有序
{12.3, 10.2, 11.2}
```

2.3.6 其他运算符

1. 成员运算符

成员运算符 in 用于判断元素是否在可迭代对象中，形式如下。

> 元素 **in** 可迭代对象

若元素在可迭代对象中则返回 True，否则返回 False；运算符 in 可与运算符 not 一起使用，构成运算符 not in，用于判断元素是否不在可迭代对象中，若不在则返回 True，否则返回 False。可迭代对象可为列表、集合、字符串、元组及字典等对象或由内置函数 range 产生的数列。例如：

```
>>>3 in [1,5,3]          #判断 3 是否在列表中
True
>>>3 in {1,5,3}          #判断 3 是否在集合中
True
>>>2 not in (1,5,3)      #判断 2 是否不在元组中
True
>>>'3' in "153"          #判断 '3' 是否在字符串中
True
>>>'3' not in "153"      #判断 '3' 是否不在字符串中
False
>>>3 in range(10)        #判断 3 是否在数列 0 1 2 3 4 5 6 7 8 9 中
True
>>>3 in range(3)         #判断 3 是否在数列 0 1 2 中
False
>>>3 not in range(3)     #判断 3 是否不在数列 0 1 2 中
True
>>>3 in range(1,4)       #判断 3 是否在数列 1 2 3 中
True
>>>5 in range(1,10,2)    #判断 5 是否在数列 1 3 5 7 9 中
True
>>>4 in range(1,10,2)    #判断 4 是否在数列 1 3 5 7 9 中
False
```

运算符 in 和内置函数 range 常与关键字 for 一起使用构成 for 循环。例如：

```
>>>for i in range(1, 11): print(i ** 2)          #循环 10 次,依次输出 1～10 的平方数
```

2. 身份运算符

身份运算符 is 用于判断两个对象是否是同一对象,若是则返回 True,否则返回 False。
另外,is 也可与 not 一起使用,构成 is not 运算符,含义与 is 相反。例如:

```
>>>a,b=1,1                        #a、b 是相同的对象
>>>a is b
True
>>>a is not b
False
>>>c,d=[1,2,3],[1,2,3]            #c、d 是不同的对象
>>>c is d
False
>>>c is not d
True
>>>f=[1,1,1]                      #若创建列表时各元素值相同,则各元素是相同对象
>>>f[0] is f[1]
True
>>>f[1] is f[2]
True
>>>f[0],f[1],f[2]=3,5,7           #给列表元素赋不同值之后,各元素成为不同对象
>>>f
[3, 5, 7]
>>>f[0] is f[1]
False
```

2.3.7 运算符的优先级

Python 语言运算符优先级如表 2-3 所示。需要时,可用小括号"( )"改变运算顺序。

表 2-3 Python 语言运算符优先级

优先级	运 算 符	备 注
1	函数调用运算符( ) 成员选择运算符. 下标运算符[ ]	例如:math.sqrt(2)、math.pi ** 2、a[0] ** 3
2	幂次运算符 **	幂次
3	单目运算符 −、＋、~	−:负号,＋:正号,~:按位取反
4	算术运算符 *、/、//、%	乘、除、取整除、求余
5	算术运算符＋、−	加、减

优先级	运 算 符	备 注
6	位运算符<<、>>	左移、右移
7	位运算符&	按位与
8	位运算符^、|	按位异或、按位或
9	关系运算符>、>=、<、<=、==、!=	结果为 True 或 False
10	赋值运算符=及其缩写	*=、/=、//=、%=、+=、-=、<<=、>>=、&=、^=、|=
11	身份运算符 is、is not	x=y=1,则 x is y 为 True,x is not y 为 False
12	成员运算符 in、not in	1 in range(5)为 True,0 not in [1,2,3]为 True
13	逻辑运算符 not、and、or	结果为 True 或 False

2.4 使用字符串

字符串是一种常见序列,包含若干字符(用双引号或单引号界定),通过下标或序号形式引用字符串的各个字符。需要注意的是,因为字符串是不可变对象,所以不能给字符串中的各个元素(项)赋值。字符串使用比较运算符直接比较大小,使用运算符+连接字符串,通过切片(中括号中含冒号)取子串。例如:

```
>>>s="abcdefg"              #字符串 s 以双引号界定
>>>t='1234'                 #字符串 t 以单引号界定
>>>s>t                      #字符串比较直接使用关系运算符
True
>>>s+t                      #字符串连接使用连接运算符+
'abcdefg1234'
>>>s[1:5]                   #取 s[1]~s[4]构成的子串
'bcde'
>>>s[1:]                    #取去掉第一个字符后的子串
'bcdefg'
>>>s[:len(s)-1]             #取去掉最后一个字符后的子串
'abcdef'
>>>s[:-1]                   #取去掉最后一个字符后的子串
'abcdef'
>>>print(s[0],s[len(s)-1])  #s[0]、s[len(s)-1]分别表示首、尾字符
a g
>>>print(s[:len(s)-2])      #输出去掉后两个字符后的子串
abcde
>>>s[:-2]                   #取去掉后两个字符后的子串
'abcde'
```

字符串可用运算符 * 复制生成,设字符串为 s,n 为某个正整数,则 $s * n$ 生成由 n 个 s 连接而成的字符串。例如:

```
>>>s1='0' * 10;
>>>s1
'0000000000'
>>>s2="abc" * 5;
>>>s2
'abcabcabcabcabc'
>>>n=5; c='3'; s3=c * n; s3
'33333'
```

字符串的很多操作都可以通过其成员函数实现。字符串的成员函数较多,本书涉及的字符串部分常用成员函数列举如表 2-4 所示,其中,示例所使用的字符串变量创建如下。

```
>>>s="Accepted"; t="12534567589520"; subs="cept"; sentence="just dO it"
```

表 2-4　字符串部分常用成员函数

成员函数(方法)	功　　能	示　　例
upper	返回转换为大写的字符串	>>>s.upper() 'ACCEPTED'
lower	返回转换为小写的字符串	>>>s.lower() 'accepted'
isalpha	判断是否都是字母,若是则返回 True,否则返回 False	>>>s.isalpha() True
isdigit	判断是否都是数字字符,若是则返回 True,否则返回 False	>>>t.isdigit() True
isupper	判断是否都是大写字母,若是则返回 True,否则返回 False	>>>s.isupper() False
islower	判断是否都是小写字母,若是则返回 True,否则返回 False	>>>subs.islower() True
title	返回"标题化"的字符串,即将字符串中的各个单词的首字母转换为大写,而其他字母转换为小写	>>>sentence.title() 'Just Do It'
find(sub[,start [,end]])	从位置(下标)start(默认为 0)开始到位置 end−1 查找子串 sub,若找到则返回子串(首字母)首次出现的位置(下标),否则返回−1	>>>s.find(subs) 2 >>>t.find('205') −1
replace(old,new)	把所有 old 子串替换为 new,返回替换后的字符串	>>>t.replace('5',' ') '12 34 67 89 20'

成员函数（方法）	功　　能	示　　例
split(sep＝None)	以 sep 为分隔符（默认为空格）分隔字符串，返回字符串列表	>>>t.split('5') ['12', '34', '67', '89', '20']
c.join(iterable)	根据间隔符 c 把可迭代对象 iterable 中的元素拼接为一个字符串	>>>" ".join(t.split('5')) '12 34 67 89 20'

下面再通过一些例子说明字符串成员函数的用法。

```
>>>s="abcdefg"
>>>t='1234'
>>>s.upper()                #成员函数 upper 返回转换为大写的字符串
'ABCDEFG'
>>>s                        #s 本身不变
'abcdefg'
>>>s=s.upper()              #把 s 中的所有字符都转换为大写
>>>print(s)
ABCDEFG
>>>s=s.lower()              #成员函数 lower 返回转换为小写的字符串
>>>print(s)
abcdefg
>>>print(s.isalpha())       #成员函数 isalpha 判断字符是否都是英文字母
True
>>>print(t.isdigit())       #成员函数 isdigit 判断字符是否都是数字字符
True
>>>print(s.isupper())       #成员函数 isupper 判断字符是否都是大写字母
False
>>>print(s.islower())       #成员函数 islower 判断字符是否都是小写字母
True
#成员函数 find 查找子串,若找不到则返回-1,若找到则返回子串首字符在主串首次出现的下标
>>>print(s.find("cde"))
2
>>>print(s.find("cde",3))   #find 函数的第二个参数表示在主串中查找时的开始位置
-1
>>>s.replace('a','A')       #replace 函数返回用第 2 个参数替换第 1 个参数后的字符串
'Abcdefg'
>>>print(s)
abcdefg
>>>print("{0}*{0}*{0}+{1}*{1}*{1}+{2}*{2}*{2}={3}".format(1,5,3,153))
1*1*1+5*5*5+3*3*3=153
>>>ts="Just do it"
```

```
>>>ts.split()                  #根据空格分割字符串得到字符串列表
['Just', 'do', 'it']
#list(ts)把 ts 的每个字符作为一个元素构成列表,并以 * 为分隔符拼接列表元素构成字符串
>>>ts="*".join(list(ts))
>>>ts
'J*u*s*t* *d*o* *i*t'
>>>ts="Just do it"
>>>ls=ts.split()               #根据空格分割字符串得到字符串列表 ls
>>>rs="".join(ls)              #以空串为分隔符拼接字符串列表 ls 的所有元素为一个字符串
>>>print(rs)
Justdoit
>>>lst=list(ts)
>>>print(lst)
['J', 'u', 's', 't', ' ', 'd', 'o', ' ', 'i', 't']
```

例 2.4.1 取子串

在一行上输入两个整数 m、n,下一行输入一个包含空格的字符串(单词之间以一个空格间隔),取该串从第 m 个字符开始的 n 个字符构成的子串(若不足 n 个字符,则取完为止)。

输入样例:	输出样例:
4 4 welcome to acm world	come

解析:

设字符串为 s,则可以采用 $s[m-1:m+n-1]$ 截取字符串 s 从第 m 个字符开始的长度为 n(若长度不足 n 则取完为止)的子串,具体代码如下。

```
m,n=input().split()            #输入字符串形式的 m、n
s=input()
m=int(m)                       #m 转换为整数
n=int(n)                       #n 转换为整数
res=s[m-1:m+n-1]               #截取字符 s[m-1]~s[m+n-2]构成的子串
print(res)
```

运行结果如下。

```
4 11↵
welcome to acm world↵
come to acm
```

例 2.4.2 逆置串

输入一个字符串(可能包含空格),把该串逆置后输出。

程序设计基础知识

输入样例：	输出样例：
mca ekil I	I like acm

解析：

本题可用多种解法。比较简单的方法是使用字符串切片操作。对于字符串 s，切片操作可表示如下。

```
s[start: stop: step]
```

因需逆置字符串 s（设长度为 n），故步长 step 取值为 -1（表示倒序）；又因需从最后一个字符到第一个字符取字符构成字符串，故起始序号 start 取值 -1（表示从倒数第一个字符，即最后一个字符开始），终止序号 stop 取值 $-n-1$（表示取到倒数第 n 个字符，即第一个字符），最终结果为 $s[-1:-n-1:-1]$。具体代码如下。

```
s=input()                    #输入字符串 s
n=len(s)                     #求 s 的长度
s=s[-1:-n-1:-1]             #对 s 逆向切片得到其逆置串
print(s)
```

运行结果如下。

```
ti od tsuJ⏎
Just do it
```

实际上，对 $s[-1:-n-1:-1]$ 可简化表达为 $s[::-1]$。对于 $s[start:stop:step]$，当 step 是 -1 时，start 默认取值 -1（表示从倒数第一个字符开始），stop 默认取值 $-len(s)-1$（因要取到倒数第 $len(s)$ 个字符，即取到第一个字符，故需将 $-len(s)$ 减 1）。

2.5　在线题目求解

例 2.5.1　求矩形面积

已知一个矩形的长和宽，计算该矩形的面积。矩形的长和宽用整数表示，由键盘输入。

输入样例：	输出样例：
4 3	12

解析：

本题直接使用矩形面积公式求解，具体代码如下。

```
a,b=map(int,input().split())         #输入
s=a*b                                #处理
print(s)                             #输出
```

运行结果如下。

```
6 5 ↵
30
```

一个简单程序一般包含输入、处理、输出 3 部分。此代码通过内置函数 map 把输入的数据转换为整型。

例 2.5.2 求圆周长和面积

已知一个圆的半径,计算该圆的周长和面积,结果保留 2 位小数。半径是实数,由键盘输入。设圆周率等于 3.141 59。

输入样例:	输出样例:
3	18.85 28.27

解析:

本题直接使用圆的周长和面积公式求解,具体代码如下。

```
pi=3.14159                    #pi 为圆周率
r=float(input())              #float 函数把输入的字符串转换为实数
c=2*pi*r                      #求周长
s=pi*r**2                     #求面积
print("%.2f %.2f" %(c,s))     #以小数点后保留 2 位小数的形式输出周长 c 和面积 s
```

运行结果如下。

```
5 ↵
31.42 78.54
```

注意,计算 c 和 s 时乘号 * 须明确写出来。另外,保留 2 小数位数的输出,在函数 print 中用格式字符 f 并在其前加".2"。多个变量的格式化输出,可以在 print 函数的格式控制串中用多个%引导的格式字符(间隔符按原样给定),例如"%.2f %.2f";而多个输出项用"( )"括起来并以逗号","间隔放在格式控制串后的%之后,如"%(c,s)"。

实数保留 2 位小数还可用字符串的 format 方法,即上述代码中的如下输出语句:

```
print("%.2f %.2f" %(c,s))
```

可改为如下输出语句:

```
print('{:.2f} {:.2f}'.format(c,s))    #以小数点后保留 2 位小数的形式输出周长 c 和面积 s
```

若题目要求更高精度的圆周率,则可从数学模块 math 导入:

```
>>>from math import pi        #导入周周率 pi
>>>pi
3.141592653589793
```

类似地,若需导入某模块中的某个成员,则可用 from…import 语句导入,例如:

```
>>>from math import sqrt          #导入开平方函数 sqrt
>>>sqrt(2)
1.4142135623730951
>>>from random import randint     #导入随机函数 randint
>>>randint(0,100)                 #产生闭区间[0,100]范围内的一个随机整数
8
```

若需要导入某模块的所有成员,则可用如下两种方式。

方式 1:

```
from 模块名 import *
```

方式 2:

```
import 模块名
```

方式 1 可以直接使用成员名引用模块成员,方式 2 需要在成员名之前带上模块名(两者之间添加成员运算符".")。例如:

```
>>>from math import *             #用方式 1 导入数学模块 math
>>>sin(pi/6)                      #直接引用正弦函数 sin 和圆周率 pi
0.49999999999999994
>>>cos(pi/3)                      #直接引用余弦函数 cos 和圆周率 pi
0.5000000000000001
>>>log10(e)                       #直接引用以 10 为底的对数函数 log10 和自然常数 e
0.4342944819032518
>>>import random                  #用方式 2 导入随机模块 random
>>>random.randint(10,99)          #产生闭区间[10, 99]范围内的随机整数,需带模块名
21
>>>random.random()               #产生闭开区间[0.0,1.0)范围内的随机浮点数,需带模块名
0.8181881307469177
>>>random.uniform(10.0,50.0)      #产生闭区间[10.0, 50.0]范围内的随机浮点数,需带模块名
23.372874971719998
```

若读者未记住某个模块中的一些成员名,则建议使用方式 2,如此可通过模块名和成员选择运算符"."在弹出来的属性和方法的下拉列表中选取合适的成员。

例 2.5.3　温度转换

输入一个华氏温度 f(整数),要求根据公式 $c = \dfrac{5}{9}(f-32)$ 计算并输出摄氏温度,其中 f 由键盘输入,结果保留 1 位小数。

输入样例:	输出样例:
100	37.8

解析:

本题直接根据所给公式计算,具体代码如下。

```
f=int(input())
c=5/9*(f-32)
print("%.1f" %c)                #结果保留1位小数输出
```

运行结果如下。

```
97↵
36.1
```

在 Python 中,5/9 结果为 0.555 555 555 555 555 6。

结果保留 1 位小数也可输出字符串'{:.1f}'的 format 函数值,即"print('{:.1f}'.format(c))"。

例 2.5.4 反序显示一个 4 位数

从键盘上输入一个 4 位整数,将结果按反序显示出来。

输入样例:	输出样例:
1234	4321

解析:

本题涉及数位分离(把一个整数的各个数位上的数字分离出来),可以使用%、//运算符。例如,整数 n 的个、十、百、千位可以分别表示为 $n\%10$、$n//10\%10$、$n//100\%10$、$n//1000$。根据得到的个、十、百、千位可以构造出逆序 4 位数输出。若是在线做题则也可直接从个数到千位逆向输出。具体代码如下。

```
n=int(input( ))
a=n%10
b=n//10%10                      #整除用//
c=n//100%10
d=n//1000
m=a*1000+b*100+c*10+d
print(m)
#print(a,b,c,d,sep='')          #在线做题也可直接从个位到千位逆向输出,分隔符为空串
```

运行结果如下。

```
9768↵
8679
```

程序设计基础知识

因在线做题通过对比程序运行结果和测试数据来判断程序的对错,故在线做题时本题也可以直接使用字符串处理,具体代码如下。

```
n=input()
print(n[3]+n[2]+n[1]+n[0])      #+是连接符,4 个字符的字符串的下标范围区间为[0,3]
#print(n[-1:-5:-1])             #也可用倒序的切片操作实现
```

例 2.5.5 英文字母的大小写转换

输入一个大写字母 c_1 和一个小写字母 c_2,把 c_1 转换为小写,c_2 转换为大写,然后输出。

输入样例:	输出样例:
Y e	y,E

解析:

若要把字符串中的大写字母转换为小写,则可调用字符串的成员函数 lower;而若要把字符串中的小写字母转换为大写,则可调用字符串的成员函数 upper。具体代码如下。

```
c1,c2=input().split()
c1=c1.lower()        #成员函数 lower 实现把大写字母转换为小写
c2=c2.upper()        #成员函数 upper 实现把小写字母转换为大写
print("%c,%c" % (c1,c2))
```

运行结果如下。

```
A c↵
a,C
```

注意,需把 lower 或 upper 转换后的结果重新赋值给变量,否则变量不会改变。

字符串的成员函数 lower 或 upper 是对整个字符串中的英文字母进行小写或大写转换。实际上,对于一个字母的大小写转换,可以先求得一个字母的小写与大写之间的 Unicode 码值之差(也是 ASCII 码值之差)diff,再用内置函数 ord 求得待转换字母的 Unicode 码值,并加上或减去 diff 后用内置函数 chr 将其转换为小写或大写字母即可。具体代码如下。

```
c1,c2=input().split()
diff=ord('a')-ord('A')      #求得大小写字母之间的 Unicode 码值之差 diff
c1=chr(ord(c1)+diff)        #把大写字母的 Unicode 码值加上 diff 再转换为字符
c2=chr(ord(c2)-diff)        #把小写字母的 Unicode 码值减去 diff 再转换为字符
print("%c,%c" % (c1,c2))
```

习　　题

一、选择题

1. 以下属于合法的 Python 语言用户标识符的是（　　）。

    A. a.123　　　　　B. a_b　　　　　C. def　　　　　D. 1Max

2. 以下不属于合法的 Python 语言用户标识符的是（　　）。

    A. for　　　　　B. abc　　　　　C. max　　　　　D. sum

3. Python 语言（Python 3 及以上版本）中字符常量在内存中存放的是（　　）。

    A. ASCII 码值　　B. Unicode 码值　　C. 内码值　　　D. 十进制代码值

4. Python 语言中,非法的常量是（　　）。

    A. 0o12　　　　　B. 'abcde'　　　　C. 1e−6　　　　D. true

5. 已知 'A'的 Unicode 码值为十进制数 65,能够得到'F'的是（　　）。

    A. chr('A'+5)　　　　　　　　　B. 'A'+5

    C. chr(ord('A')+5)　　　　　　D. chr(71)

6. Python 语言中,以下能够正确创建整型变量 a 的是（　　）。

    A. int a　　　　B. a=0　　　　C. int (a)　　　D. (int) a

7. 以下运算符中,优先级最高的是（　　）。

    A. <=　　　　　B. not　　　　　C. %　　　　　D. and

8. 以下运算符优先级按从高到低排列正确的是（　　）。

    A. 算术运算、赋值运算、关系运算　　　B. 关系运算、赋值运算、算术运算

    C. 算术运算、关系运算、赋值运算　　　D. 关系运算、算术运算、赋值运算

9. Python 语言中,运算对象一般要求为整数的运算符是（　　）。

    A. *　　　　　　B. /　　　　　　C. //　　　　　D. %

10. 表达式 34/5 的结果为（　　）。

    A. 6　　　　　　B. 7　　　　　　C. 6.8　　　　　D. 以上都错

11. 表达式 34//5 的结果为（　　）。

    A. 6　　　　　　B. 7　　　　　　C. 6.8　　　　　D. 以上都错

12. 判断 a、b 中有且仅有一个值为 0 的表达式是（　　）。

    A. not (a * b) and a+b　　　　B. (a * b) and a+b

    C. a * b==0　　　　　　　　　D. a and not b

13. 不能正确表示"x 大于 10 且小于 20"的是（　　）。

    A. 10<x <20　　　　　　　　　B. x >10 and x <20

    C. x >10 && x <20　　　　　　D. not(x <=10 or x >=20)

14. 执行以下代码后,k 的值是（　　）。

```
s="123456"; t="7788"; k=s.find(t)
```

    A. 4 294 967 295　B. −1　　　　　C. 0　　　　　　D. 0xffffffff

15. 以下代码的输出结果是(   )。

```
s="123"; c='a'; print(s+c)
```

    A. 语句出错   B. 188   C. 123a   D. 12310

16. 以下代码的输出结果是(   )。

```
s="12300"; t="1256"; print(s<t)
```

    A. true   B. false   C. False   D. True

17. 以下代码的输出结果是(   )。

```
s="abcdefgh"; t=s[3:]; print(t)
```

    A. abc   B. cdefgh   C. defgh   D. fgh

18. 以下代码的输出结果是(   )。

```
s="abcdefghi"; t=s[3:6]; print(t)
```

    A. defg   B. cdef   C. defghi   D. def

19. 以下代码的输出结果是(   )。

```
s="123"; t="456"; t=int(s+t); print(t)
```

    A. 123456   B. 579   C. 456   D. 语句出错

20. 有代码如下。

```
s='abcde'; s[1]='1'
```

则关于以上语句说法正确的是(   )。

    A. 语句 "s[1]='1'" 有错   B. 语句 "s='abcde'" 有错

    C. s 被修改为 '1bcde'   D. s 被修改为 'a1cde'

21. 有代码如下。

```
s=input(); print(len(s))
```

则在输入以下数据后得到结果是(   )。

```
Hello World
```

    A. 11   B. 6   C. 5   D. 12

22. 以下集合创建的语句中,错误的是(   )。

A. a=set()　　　　　　　　　B. a={}

C. a={1,2,3}　　　　　　　　D. a=set([1,2,3,4])

23. 以下代码的执行结果是（　　　）。

```
a={1,2,3,4,5,6,7,8,9}
b={1,3,5,7,9,11}
print(a-b)
```

A. {2,4,6,8,11}　　　　　　B. {1,2,3,4,5,6,7,8,9,11}

C. {1,3,5,7,9}　　　　　　　D. {2,4,6,8}

24. 以下代码的执行结果是（　　　）。

```
a={1,2,3,4,5,6,7,8,9}
b={1,3,5,7,9,11}
print(a|b)
```

A. {2,4,6,8,11}　　　　　　B. {1,2,3,4,5,6,7,8,9,11}

C. {1,3,5,7,9}　　　　　　　D. {2,4,6,8}

25. 以下代码的执行结果是（　　　）。

```
a={1,2,3,4,5,6,7,8,9}
b={1,3,5,7,9,11}
print(a&b)
```

A. {2,4,6,8,11}　　　　　　B. {1,2,3,4,5,6,7,8,9,11}

C. {1,3,5,7,9}　　　　　　　D. {2,4,6,8}

26. 以下代码的执行结果是（　　　）。

```
a={1,2,3,4,5,6,7,8,9}
b={1,3,5,7,9,11}
print(a^b)
```

A. {2,4,6,8,11}　　　　　　B. {1,2,3,4,5,6,7,8,9,11}

C. {1,3,5,7,9}　　　　　　　D. {2,4,6,8}

27. 以下代码执行后，t 的值是（　　　）。

```
s="abcdefghi"; t=s[-1:0:-1]
```

A. "　　　　　B. 'bcdefghi'　　　　C. 'ihgfedcba'　　　　D. 'ihgfedcb'

28. 以下代码执行后，t 的值是（　　　）。

```
s="abcdefghi"; t=s[-1:-len(s)-1:-1]
```

A. " B. ' abcdefghi' C. 'ihgfedcba' D. 'ihgfedcb'

二、在线编程题

1. 4 位整数的数位和

输入一个 4 位数的整数，求其各数位上的数字之和。

输入样例：	输出样例：
1234	10

2. 5 门课的平均分

输入 5 门课程成绩（整数），求平均分（结果保留 1 位小数）。

输入样例：	输出样例：
66 77 88 99 79	81.8

3. 打字

小明 1 分钟能打 m 字，小敏 1 分钟能打 n 字，两人一起打了 t 分钟，总共打了多少字？

输入格式：

输入 3 个整数 m、n、t。

输出格式：

输出小明和小敏 t 分钟一共打的字数。

输入样例：	输出样例：
65 60 2	250

4. 求串长

输入一个字符串（可能包含空格），输出该串的长度。

输入样例：	输出样例：
welcome to acm world	20

5. 求子串

输入一个字符串，输出该字符串的子串。

输入格式：

首先输入一个正整数 k，然后输入一个字符串 s，k 和 s 之间用一个空格分开。k 大于 0 且小于或等于 s 的长度。

输出格式：

输出字符串 s 从头开始且长度为 k 的子串。

输入样例：	输出样例：
10 welcome to acm world	welcome to

第3章 程序控制结构

3.1 程序控制结构简介

程序控制结构主要包括顺序结构、选择结构、循环结构。

顺序结构是按语句的书写顺序执行的程序结构。

选择结构是根据特定的条件决定执行哪个语句的程序结构,常用 if 语句。

循环结构是在满足特定的条件时重复执行某些语句的程序结构,常用 for 和 while 语句。

顺序结构流程如图 3-1 所示。

例如,下面的代码按顺序依次执行下来,先把 a、b 分别赋值为 1、3,然后交换这两个变量的值,再输出它们的值。

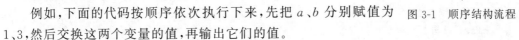

图 3-1　顺序结构流程

```
a,b=1,3
a,b=b,a
print(a,b)
```

3.2 选 择 结 构

例 3.2.1　求两者中的大者

输入 2 个整数 a、b,找出其中的大者并输出。

解析:

思路 1:先假设第一个数大,然后与后一个数比较,若后一个数大,则大者为后一个。可用单分支 if 语句实现,具体代码如下。

```
a,b=map(int,input().split())
c=a             #假设第一个数大,存放在假设的大者 c 中
if b>c:         #若第二个数大于 c,则把 c 修改为第二个数
    c=b
print(c)
```

运行结果如下。

```
13↵
3
```

思路 2：直接比较两个数，若前一个数大，则把它作为结果，否则结果为后一个数。可用双分支 if 语句实现，具体代码如下。

```
a,b=map(int,input().split())
if a>=b:                #若第一个数不小于第二个数,则大者为第一个数
    c=a
else:                   #若第二个数大于第一个数,则大者为第二个数
    c=b
print(c)
```

本题上述两种思路的代码中分别使用了单分支、双分支 if 语句。

上述代码是为了引入 if 语句，而在线编程时或程序设计竞赛时，可直接调用内置函数 $\max(a,b)$ 求得 a、b 中的大者。

1. 基本的 if 语句

基本的 if 语句格式如下。

```
if 条件：语句 1
[ else: 语句 2 ]
```

注意，if 的条件及 else 之后都需要添加冒号"："。若语句 1 或语句 2 包含多条语句，可以在一行上把多条语句用分号间隔，也可以把多条语句放到冒号的后续几行（注意保持缩进量的一致）。描述语法时，[ ]表示[ ]中的内容是可选项，即 if 语句可为单分支 if 语句，格式如下。

```
if 条件：语句 1
```

此 if 语句在满足条件时执行语句 1，否则不执行任何语句，其流程如图 3-2 所示。

或为双分支 if 语句，格式如下。

```
if 条件：
    语句 1
else:
    语句 2
```

此 if 语句在满足条件时执行语句 1，否则执行语句 2，其流程如图 3-3 所示。

可见，if 语句可带 else 子句（双分支选择结构），也可以不带 else 子句（单分支选择结构）。

if 语句的条件一般是一个为 True 或 False 的表达式，否则一切 0 值转换为 False，一切非 0 值转换为 True。

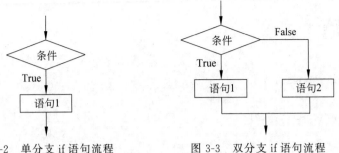

图 3-2 单分支 if 语句流程　　　　　图 3-3 双分支 if 语句流程

语句 1 和语句 2 可以是一条语句,也可以是多条语句(在一行上写时以分号间隔,分行写时注意保持缩进量的一致)。例如:

```
x=int(input())
if x:                           #x 相当于 x!=0
    print("x is non-zero")
else:
    printf("x is zero\n")
if x==1:
    a=1                         #缩进量与下一句一致
    b=2                         #缩进量与上一句一致
else:
    a=-1                        #缩进量与下一句一致
    b=-2                        #缩进量与上一句一致
```

条件表达式类似于双分支选择结构,区别在于前者是表达式,后者是语句。条件表达式形式如下。

表达式 1 if 条件 else 表达式 2

当"条件"为 True 时,取"表达式 1"的值为条件表达式的值,否则取"表达式 2"的值为条件表达式的值。例如:

```
>>>x=1
>>>y=3
>>>x if x>=y else y             #取 x、y 中的大者作为表达式的值
3
```

2. 嵌套的 if 语句

嵌套的 if 语句是指在 if 语句中又使用 if 语句。if 语句可以嵌套在 if 子句中,也可以嵌套在 else 子句中。例如:

```
x=int(input())
```

```
if x==0:
    print("zero")
else:
    if x>0:                    #if 语句嵌套在 else 子句中
        print("positive")
    else:
        print("negative")
```

若 if 嵌套在 else 子句中，则可以缩写为 elif 子句，上述代码可缩写如下。

```
x=int(input())
if x==0:
    print("zero")
elif x>0:                      #if 语句嵌套在 else 子句中，缩写为 elif
    print("positive")
else:
    print("negative")
```

3. if 选择结构示例

例 3.2.2　求三者的最大值

输入 3 个整数，找出其中最大的一个并显示出来。

解析：

思路：假设第一个数最大并放到结果 d 中，若后面的数大于 d，则把 d 变为该数。可用单分支语句实现，代码如下。

```
a,b,c=map(int,input().split())
d=a                            #假设第一数最大，存放在 d 中
if b>d:                        #若第二数比假设的最大数 d 更大，则把 d 改为该数
    d=b
if c>d:                        #若第三数比假设的最大数 d 更大，则把 d 改为该数
    d=c
print(d)
```

运行结果如下。

```
1 3 5↵
5
```

这种思路比较简单，而且容易扩展到多个数的情况（结合循环结构）。读者可以思考本题还有哪些实现方法，并自行编写代码实现。

在线编程时或程序设计竞赛时，可直接调用内置函数 $\max(a, b, c)$ 求得 a、b、c 中的大者。

例 3.2.3　三数排序

输入 3 个整数，然后按从大到小的顺序把它们显示出来。

这个问题该如何实现呢？仔细思考,可以想到多种方法。下面给出两种方法,分别用到选择排序和冒泡排序的思想。

解析:

思路1:采用选出当前最大者放到当前最前面位置(选择排序)的思想。具体代码如下。

```
a, b, c=map(int, input().split())
if a<b:                #若第一个数比第二个数更小,则交换
    a, b=b, a
if a<c:                #若第一个数比第三个数更小,则交换,至此最大数放在第一个位置
    a, c=c, a
if b<c:                #若第二个数比第三个数更小,则交换,至此第二大数放在第二个位置
    b, c=c, b
print(a, b, c)
```

运行结果如下。

```
1 3 5↵
5 3 1
```

思路2:采用把当前最小者放到当前最后面位置(冒泡排序)的思想。具体代码如下。

```
a, b, c=map(int, input().split())
if a<b:                #若第一个数比第二个数更小,则交换
    a, b=b, a
if b<c:                #若第二个数比第三个数更小,则交换,至此最小数放在第三个位置
    b, c=c, b
if a<b:                #若第一个数比第二个数更小,则交换,至此第二小数放在第二个位置
    a, b=b, a
print(a, b, c)
```

例 3.2.4　成绩转换

百分制成绩转换为五级计分制时,90～100 分以上等级为 A,80～89 分等级为 B,70～79 分等级为 C,60～69 分等级为 D,0～59 分等级为 E。输入一个百分制成绩,请输出等级。

解析:

本例是多分支结构,可以用嵌套 if 语句实现,这里使用把 if 语句嵌套在 else 子句中,从而缩写为 elif 的方法。具体代码如下。

```
score=int(input())
if score>=90:                #若不小于 90,则为 A
    rank='A'
elif score>=80:              #若小于 90,但不小于 80,则为 B
    rank='B'
elif score>=70:              #若小于 80,但不小于 70,则为 C
```

程序控制结构

```
        rank='C'
    elif score>=60:                              #若小于 70,但不小于 60,则为 D
        rank='D'
    else:                                        #若小于 60,则为 E
        rank='E'
    print(rank)
```

运行结果如下。

```
85↵
B
```

因 if 和 elif 之后的条件是逐个判断下来的,故在判断第一个 elif 中的条件"score>=80"时,已经不满足 if 中的"score>=90"条件,而在判断第二个 elif 中的条件"score>=70"时,已经不满足"score>=80"条件。其他的 elif 和 else 中满足的条件可类似理解。

例 3.2.5 求某月的天数

输入年份 year、月份 month,判断该月的天数。

已知大月有 31 天,小月有 30 天,2 月有 28 天或 29 天(闰年)。大月共 7 个月,即 1、3、5、7、8、10、12 月;小月共 4 个月,即 4、6、9、11 月。

解析:

本题可用 if 语句根据不同的情况(大月、小月、2 月)得到该月的天数。具体代码如下。

```
year,month=map(int,input().split())
if month==2:                                     #若为 2 月
    if year%4==0 and year%100!=0 or year%400==0: #若是闰年,则有 29 天
        days=29
    else:                                        #若是非闰年,则有 28 天
        days=28
elif month==4 or month==6 or month==9 or month==11: #若为小月,则有 30 天
    days=30
else:                                            #若为大月,则有 31 天
    days=31
print(days)
```

运行结果如下。

```
2021 1↵
31
```

3.3 循 环 结 构

3.3.1 引例

例 3.3.1 求 n 个整数中的最大值

首先在第一行输入一个整数 n,然后在第二行输入 n 个整数,请输出这 n 个整数中的最大值。

解析:

在例 3.2.2 中,使用两条类似的单分支 if 语句可求得三个数中的最大值。现需求 n 个数中的最大值,若程序运行前已知 n 的值,则也可以写 $n-1$ 个单分支语句完成,但 n 是一个变量,在程序运行时输入后才能确定其值,因此无法在程序运行前写好 $n-1$ 个 if 语句。因 $n-1$ 条类似的 if 语句重复在求两者中的大者,故可写成一条 if 语句并使其执行 $n-1$ 次。这可以使用循环结构完成。循环结构中的 for 语句常用于实现次数固定且重复执行的要求。本例的具体代码如下。

```
n=int(input())
a=list(map(int,input().split()))        #输入多个整数并存放到列表 a 中
maxVal=a[0]                             #假设第一个数最大,存放在假设的最大数变量 maxVal 中
#从第二个数开始,maxVal 逐个与每个当前数比较,若小于当前数,则改为当前数
for i in range(1,n):
    if a[i]>maxVal:
        maxVal=a[i]
print(maxVal)
```

运行结果如下。

```
10↵
11 5 21 54 77 2 45 43 87 9↵
87
```

上面的代码中,for 语句中循环变量 i 从 1 到 $n-1$ 进行循环,共执行 $n-1$ 次循环体(每次循环比较 $a[i]$ 和 maxVal,把大者保存在 maxVal 中)。实际上,在 Python 中可以直接用内置函数 max 或 min 求列表等可迭代对象中的最大值或最小值。具体代码如下。

```
n=int(input())
a=list(map(int,input().split()))        #输入多个整数存放到列表 a 中
print(max(a))                          #直接用 max 函数求列表 a 中的最大值
```

因内置函数 max 也可直接求得映射对象中的最大值,故"a=list(map(int,input().split()))"可改写为"a=map(int,input().split())"。

3.3.2 for 语句与 while 语句

1. for 语句

for 循环语句的基本格式如下。

```
for 循环变量 in 可迭代对象:
    循环体
[else: 其他语句]
```

其中，for、in 和 else 是关键字，else 子句可选。

for 后的循环变量也可称为迭代变量或迭代项。当还可以从可迭代对象中取得新的迭代项时则执行循环体，否则，若有 else 子句，则执行该子句后再结束循环，否则直接结束循环。for 循环流程如图 3-4 所示。

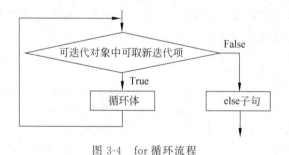

图 3-4 for 循环流程

注意，执行 else 子句时，迭代项仍处于可迭代对象中，其值为可迭代对象中最后一项的值。例如：

```
for i in range(3):
    print(i * i)
else:
    print(i)
```

运行结果如下。

```
0
1
4
2
```

一般而言，若循环中未使用 break 语句，则该 for 循环无需带有 else 子句。

若可迭代对象一开始为空，则迭代变量不会被创建。此时，若在 else 子句中使用迭代变量，则将产生错误。例如：

```
for i in range(12,9):          #range(12,9)产生的可迭代对象为空
    print(i)
else:
    print(i)
```

运行情况如下(程序文件名是 test.py)。

```
Traceback (most recent call last):
  File "D:/Python/test.py", line 4, in <module>
    print(i)
NameError: name 'i' is not defined
```

另外,在循环体中更改迭代项不会影响循环的执行次数,因为下次循环时迭代项自动取可迭代对象中的下一项。例如:

```
for i in range(1,4):
    i *= 3                     #改变迭代变量不影响循环执行次数
    print(i)
```

运行结果如下。

```
3
6
9
```

2. while 语句

while 循环语句的格式如下。

while 循环条件:
    循环体
[**else**: 其他语句]

其中,while 和 else 是关键字,else 子句可选。while 语句在满足循环条件时反复执行循环体,否则,若有 else 子句,则执行该子句后再结束循环,否则直接结束循环。一般而言,若 while 循环中未使用 break 语句,则该 while 语句无须带有 else 子句。while 循环流程如图 3-5 所示。

循环体中一般需要有改变循环变量使循环趋于结束的语句或跳出循环的语句,以避免死循环。若循环体中有多条语句,则它们的缩进量需相同。另外,循环条件后需添加一个冒号。

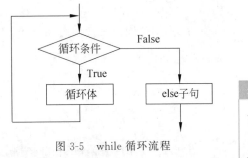

图 3-5 while 循环流程

3. for 语句与 while 语句示例

例 3.3.2　求和

输入一个正整数 n，求出由 1 加至 n 的总和。

解析：

本题解法较多，例如，可采用循环逐项累加，可使用等差数列求和公式，可调用内置函数 sum 求解。

方法 1：使用 for 循环。

具体代码如下。

```
n=int(input())
#使用 for 语句
s=0
for i in range(1,n+1):
    s+=i
print(s)
```

运行结果如下。

```
10↵
55
```

range$(1,n+1)$ 产生包含在闭区间 $[1，n]$ 中各个整数的数列。

方法 2：使用 while 循环。

具体代码如下。

```
n=int(input())
s,i=0,1                    #累加单元清 0,循环变量置 1
while i<=n:                #当 i<=n 时进行循环
    s+=i                   #将 i 加到 s 中
    i+=1                   #改变循环变量,使循环趋于结束
print(s)
```

上述代码中，循环变量 i 从 1 开始循环，当满足 $i<=n$ 条件时，反复执行循环体：将 i 逐个加到累加单元 s 中，并使 i 增 1；当 i 不断增加使得 $i<=n$ 条件不成立，即 $i>n$ 时，结束循环。

方法 3：使用等差数列求和公式。

具体代码如下。

```
n=int(input())
print(n*(n+1)//2)
```

方法 4：使用内置函数 sum 求 range$(1，n+1)$ 之和。

具体代码如下。

```
n=int(input())
print(sum(range(1,n+1)))
```

sum 函数可以直接求得数值型可迭代对象中的所有元素之和。

4. 列表产生式

for 循环可用在列表产生式(也称列表生成式、列表推导式)中。创建列表产生式的方式如下。

[表达式 **for** 迭代项 **in** 可迭代对象 **if** 条件]

此产生式在列表界定符[ ]中使用 for 循环和 if 条件(若不需要则省略)。列表产生式中的表达式通常与迭代项相关,可迭代对象可以是内置函数 range 产生的数列,也可以是列表、字符串和元组等序列及集合等对象。

例如:

```
>>>s=[i for i in range(10)]          #可迭代对象由 range 创建,产生 0～9 构成的列表
>>>s
[0, 1, 2, 3, 4, 5, 6, 7, 8, 9]
>>>s=[i for i in range(1,10,2)]      #创建 1～9 中的奇数构成的列表
>>>s
[1, 3, 5, 7, 9]
>>>s=[i for i in range(10,-1,-1)]    #创建由 10～0 构成的列表
>>>s
[10, 9, 8, 7, 6, 5, 4, 3, 2, 1, 0]
>>>s=[i for i in range(10) if i%2==0]    #带 if 条件的列表产生式
>>>s
[0, 2, 4, 6, 8]
>>>s=[i*i for i in [1,2,3,4,5]]      #可迭代对象为列表,表达式为迭代变量的平方
>>>s
[1, 4, 9, 16, 25]
>>>s=[it for it in "abcdef"]         #可迭代对象为字符串
>>>s
['a', 'b', 'c', 'd', 'e', 'f']
>>>s=[it for it in (3,6,9,12)]       #可迭代对象为元组
>>>s
[3, 6, 9, 12]
>>>s=[it for it in {2,4,6,8}]        #可迭代对象为集合
>>>s
[8, 2, 4, 6]
```

列表产生式中的表达式还可以是一个条件表达式。例如:

```
>>>s=[i if i%2==1 else 1/i for i in range(1,10)]
>>>s
[1, 0.5, 3, 0.25, 5, 0.16666666666666666, 7, 0.125, 9]
```

其中，"i if i%2==1 else 1/i"是一个条件表达式，若 i 为奇数，则取其本身，否则取其倒数。若将列表产生式中的列表界定符[ ]改为集合界定符{ }，则为集合产生式。例如：

```
>>>s={i for i in range(1,10) if i%2==1}        #集合产生式
>>>s
{1, 3, 5, 7, 9}
```

3.3.3　continue 语句与 break 语句

continue 语句用于提前结束本次循环的执行，即本次循环不执行 continue 之后的语句，继续进行下一次循环的准备与条件判断。

break 语句用来跳出其所在的循环，接着执行该循环之后的语句。若 break 语句所在的循环带有 else 子句，则执行 break 语句将跳过该 else 子句并结束循环。

例 3.3.3　求偶数之和

输入 n，求[1, n]范围内的所有偶数之和。

解析：

本题可使循环变量 i 从 0 开始，依次递增 2，逐个把 i 加到求和单元中。具体代码留给读者自行实现。

这里采用循环变量从 1 开始，依次递增 1，但在循环体中增加判断语句，跳过累加奇数。具体代码如下。

```
n=int(input())
s=0                          #累加单元清 0
for i in range(1,n+1):        #从 1～n 进行循环
    if i%2==1: continue      #若是奇数，则不执行循环体中 continue 之后的语句
    s+=i                      #累加当前项
print(s)
```

运行结果如下。

```
10↵
30
```

例 3.3.4　求最大公约数

求两个正整数 m、n 的最大公约数（Greatest Common Divisor，GCD）。

解析：

本例的直观求解方法是采用穷举法，即从 m、n 这两个数中的小者到 1 逐个尝试，找第

一个能同时整除 m、n 的因子(找到则保存结果并用 break 语句跳出循环),具体代码如下。

```
m,n=map(int,input().split())
k=min(m,n)                    #用 min 函数求得 m,n 中的小者存放到 k 中
for i in range(k,0,-1):       #i 从 k 到 1 进行循环
    if m%i==0 and n%i==0:     #若 i 能同时整除 m、n,则 i 为最大公约数
        gcd=i
        break
print(gcd)
```

运行结果如下。

```
27 63 ↵
9
```

上述代码效率较低,在线提交时可能得到超时反馈。可用欧几里得(Euclid)算法提高求最大公约数的程序运行效率。欧几里得算法又称辗转相除法,用于计算两个整数 m、n 的最大公约数。若用 $\gcd(m,n)$ 表示 m、n 的最大公约数,则欧几里得算法的计算原理如下。

```
gcd(m, n)=gcd(n, m%n)
```

例如,若要求 $m=70$、$n=16$ 的最大公约数,则计算过程如图 3-6 所示。

轮次	m	n	$t=m\%n$
1	70	16	6
2	16	6	4
3	6	4	2
4	4	2	0
5	2	0	

图 3-6 欧几里得算法求最大公约数的过程

计算时,m、n 的值不断用新值代替旧值(迭代法),直到 n 为 0 时,m 为最大公约数。具体代码如下。

```
m,n=map(int,input().split())
while n>0:                #当 n 大于 0 时迭代
    r=m%n                 #求余数
    m=n                   #用原来的 n 替换原来 m 的值,得到新的 m
    n=r                   #用余数 r 替换原来 n 的值,得到新的 n
print(m)                  #n 为 0 时,m 为最大公约数
```

上述代码可简写如下。

```
m,n=map(int,input().split())
while n>0:                          #当 n 大于 0 时迭代
    m,n=n,m%n                       #把原来的 n 给 m,把原来的 m%n 给 n
print(m)                           #n 为 0 时,m 为最大公约数
```

实际上,数学模块 math 中提供了最大公约数函数 gcd,可直接调用该函数求两个正整数的最大公约数。具体代码如下。

```
from math import gcd               #从 math 模块导入求最大公约数的函数 gcd
m,n=map(int,input().split())
print(gcd(m,n))                    #直接调用 gcd 函数求 m,n 的最大公约数
```

思考:怎么求 m,n 的最小公倍数(Least Common Multiple,LCM)lcm?

思路 1:从 m、n 中的大者出发,逐个检查该数的 1 倍、2 倍……是否是另一个数的倍数。

思路 2:基于求得的最大公约数 gcd,设原来的 m、n 已经分别保存在 a、b 中,则最小公倍数 lcm=$a*b$//gcd。

思路 3:直接使用数学模块 math 中提供的最小公倍数函数 lcm。

思考:如何求 n 个正整数的最小公倍数?

思路:可设最小公倍数 lcm 的初值为 1,在执行 n 次的循环中对于每个输入的整数 t,求 lcm 与 t 的最小公倍数并保存在 lcm 中,则最终的 lcm 为结果。

具体代码留给读者自行实现。

3.3.4　在线做题基本程序结构

在线做题是指在 OJ 上提交代码求解问题。OJ 用户可以在线提交多种程序设计语言(如 Python、C、C++、Java)编写的源代码,OJ 对源代码进行编译和执行,并通过预先设计的测试数据来检验源代码的正确性。

源代码提交到 OJ 后,可能得到类似于表 3-1 所示的常见返回结果。

表 3-1　OJ 常见返回结果

返 回 结 果	返回结果缩写	备　　注
Accepted	AC	程序正确,通过所有测试数据
Wrong Answer	WA	答案错,有测试数据不通过
Compile Error	CE	编译错,程序编译不能通过;此时应单击错误链接查看错误信息
Presentation Error	PE	格式错,程序没按规定的格式输出答案;一般应检查是否少了或多了空格符、换行符
Time Limit Exceeded	TLE	超时,程序没在规定时间内得出答案
Memory Limit Exceeded	MLE	超内存,程序没在规定空间内得出答案
RunTime Error	RTE	程序运行出错,意外终止等

提交代码到 OJ 测评前,至少需保证按输入样例得到输出样例,不能有任何多余或遗漏的内容,即便多一个空格或少一个".",都不能得到 AC 反馈。

在 GPLT 等比赛及其相应 OJ 做题时,一般写一组测试的代码即可。而在 ICPC、CCPC 等比赛及相应 OJ 做题时,一般需要控制多组测试数据,常用"处理 T 次""处理到特值结束""处理到文件尾"3 种基本程序结构。

例 3.3.5 又见 $a+b$(1)

求两个整数之和。

输入格式:

首先输入一个正整数 T,表示测试数据的组数,然后输入 T 组测试数据。每组测试在一行上输入两个整数 a、b。

输出格式:

对于每组测试,输出一行,包含一个整数,表示 a、b 之和。

输入样例:	输出样例:
2	3
1 2	7
3 4	

解析:

对于此例,使用 for 循环语句的代码如下。

```
T=int(input())                    #输入测试组数 T
for i in range(T):                #控制从 0 到 T-1 共 T 次循环
    a,b=map(int, input().split()) #输入两个整数 a、b
    c=a+b                         #求 a+b 并保存到 c 中
    print(c)                      #输出 c 的值
```

运行结果如下。

```
2 ↵
1 2 ↵
3
3 4 ↵
7
```

这个运行结果看起来与输入样例和输出样例分别是一个整体不太一致,但这就是在线做题正确的输入输出,并不需要一次性输入所有数据再一次性输出所有结果,只需要根据每组输入数据都得到相应的预期输出即可。

也可使用 while 循环控制 T 组测试。具体代码如下。

```
T=int(input())                    #输入测试组数 T
while T:                          #当 T 不等于 0 时执行循环体
```

程序控制结构

```
a,b=map(int, input().split())          #输入两个整数 a、b
c=a+b                                  #求 a+b 并保存到 c 中
print(c)                               #输出 c 的值
T-=1                                   #T-=1 相当于 T=T-1,使得 T 的值减 1
```

"while T"相当于"while T!=0",表示当 T 不等于 0 时执行循环体。

例 3.3.6 又见 $a+b$(2)

求两个整数之和。

输入格式:

测试数据有多组,处理到文件尾。每组测试在一行上输入两个整数 a、b。

输出格式:

对于每组测试,输出一行,包含一个整数,表示 a、b 之和。

输入样例:	输出样例:
1 2	3
3 4	7

解析:

Python 程序在遇到文件尾时返回 EOFError 异常,因此可以在"while True"永真循环外套一个 try 语句,使得程序在捕获到 EOFError 异常时执行 except 子句后的空语句 pass 而结束程序运行。具体代码如下。

```
try:                                   #用 try 语句处理异常
    while True:
        a,b=map(int,input().split())   #输入两个整数
        c=a+b                          #求 a+b 并保存到 c 中
        print(c)                       #输出 c 的值
except EOFError: pass                  #except 子句,遇到 EOFError 异常执行空语句
```

运行结果如下。

```
1 2↵
3
3 4↵
7
```

上面的代码结构在捕获到 EOFError 时执行空语句 pass,结束执行"while True"永真循环。在本地测试时可用组合键 Ctrl+D 表示输入结束(相当于文件尾)。

因是在输入时才会遇到文件尾,故可仅对输入语句使用 try…except 语句处理 EOFError 异常。具体代码如下。

```
while True:
    try:                               #用 try 语句处理异常
```

```
    a,b=map(int,input().split())      #输入两个整数
    except EOFError: break            #遇到 EOFError 异常时用 break 语句跳出循环
    c=a+b                             #求 a+b 并保存到 c 中
    print(c)                          #输出 c 的值
```

"while True"是一个永真循环,若循环体中无结束循环的语句,则循环将一直执行,成为无限循环(或称死循环)。上述代码在捕获到 EOFError 时通过 break 语句结束循环。

控制到文件尾也可使用 for 循环,当 for 循环的迭代变量能从系统模块 sys 的标准输入 sys.stdin 中取得数据时继续执行循环。具体代码如下。

```
import sys                           #引入系统模块 sys
for it in sys.stdin:                 #当能从 sys.stdin 中取得数据时执行循环
    a,b=map(int,it.split())          #输入两个整数
    c=a+b                            #求 a+b 并保存到 c 中
    print(c)                         #输出 c 的值
```

注意,使用标准输入 sys.stdin 之前,需用 import 语句导入系统模块 sys。

例 3.3.7　又见 $a+b$(3)

求两个整数之和。

输入格式:

测试数据有多组。每组测试在一行上输入两个整数 a、b,当 a、b 同时为 0 时,输入结束。

输出格式:

对于每组测试,输出一行,包含一个整数,表示 a、b 之和。

输入样例:	输出样例:
1 2	3
3 4	7
0 0	

解析:

本题的特值是指 a、b 同时为 0。可用"while True"永真循环,当输入的 a、b 同时为 0 时,执行 break 语句跳出循环,从而结束循环。具体代码如下。

```
while True:
    a,b=map(int,input().split())      #输入两个整数
    if a==0 and b==0:                 #若 a、b 为 0,则结束循环
        break                         #break 语句用于跳出循环
    c=a+b                             #求 a+b 并保存到 c 中
    print(c)                          #输出 c 的值
```

运行结果如下。

程序控制结构

第 3 章

61

```
1 2↵
3
3 4↵
7
0 0↵
```

上面是 3 种基本的在线做题程序结构，在线做题时可能会遇到综合运用各种程序结构的情况。读者可以在不断的解题过程中逐步熟悉和掌握在线做题的程序结构。初学者在 OJ 做题时遇到多组测试，可以直接套用以下在线做题基本程序结构，只要把一组测试的代码替换为具体题目的解题代码即可。

1. 处理 T 次

（1）用 for 循环控制 T 组测试的代码结构如下。

```python
T=int(input())
for i in range(T):
    #一组测试的代码
```

（2）用 while 循环控制 T 组测试的代码结构如下。

```python
T=int(input())
while T:
    T-=1
    #一组测试的代码
```

2. 处理到特值结束

处理到特值结束的代码结构（设控制到整数 n 为特值 0 时结束）如下。

```python
while True:
    n=int(input())          #输入根据具体题目调整
    if n==0:                #n==0 这个条件根据具体题目调整
        break               #break 语句用于跳出循环
    #一组测试的代码
```

3. 处理到文件尾

（1）用 while 循环控制到文件尾的代码结构如下。

```python
try:
    while True:
        #一组测试的代码
except EOFError: pass
```

（2）用 for 循环控制到文件尾的代码结构如下。

```
import sys
for it in sys.stdin:
    #一组测试的代码
```

3.3.5 循环结构运用举例

例 3.3.8　数据统计

在一行上先输入一个整数 n，再输入 n 个整数，请统计其中负数、0 和正数的个数。

解析：

本例可以设置 3 个计数器(统计个数的变量,初值为 0),先将输入的 n 个整数存放到列表 a 中,再遍历列表 a 判断其中的每个元素是正、负或 0 中的哪一种,把对应计数器增 1。具体代码如下。

```
zero=0                              #0 的计数器
positive=0                          #正数的计数器
negative=0                          #负数的计数器
n, * a=list(map(int,input().split()))   #输入整数 n 及 n 个整数存放到列表 a 中
for it in a:                        #遍历列表 a,迭代变量 it 依次为列表中的每一项
    if it==0:                       #若当前项为 0,则相应计数器加 1
        zero+=1
    elif it>0:                      #若当前项为正,则相应计数器加 1
        positive+=1
    else:                           #若当前项为负,则相应计数器加 1
        negative+=1
print(negative,zero,positive)
```

运行结果如下。

```
10-50096-8-7-809↵
433
```

本题也可用列表产生式求解。具体代码如下。

```
n, * a=list(map(int,input().split()))   #输入整数 n 及 n 个整数存放到列表 a 中
zero=sum([1 for it in a if it==0])    #统计 0 的个数
positive=sum([1 for it in a if it>0])  #统计正数的个数
negative=sum([1 for it in a if it<0])  #统计负数的个数
print(negative, zero, positive)        #输出结果
```

例 3.3.9　亲和数判断

亲和数是古希腊数学家毕达哥拉斯(Pythagoras)在自然数研究中发现的。若两个自然数中任何一个数都是另一个数的真约数(即不是自身的约数)之和,则它们就是亲和数。例

如，220 和 284 是亲和数，因为 220 的所有真约数之和为 $1+2+4+5+10+11+20+22+44$ $+55+110=284$，而且 284 的所有真约数之和为 $1+2+4+71+142=220$。请判断输入的两个整数是否是亲和数，若是则输出 YES，否则输出 NO。

解析：

本题根据亲和数的定义把两个整数的真约数之和各自求出，再判断各自是否等于另一个数即可。具体代码如下。

```python
a,b=map(int,input().split())
sa=0                        #sa 存放 a 的因子之和
for i in range(1,a//2+1):   #从 1 到 a//2 把 a 的因子累加到 sa 中
    if a%i==0:
        sa+=i
sb=0                        #sb 存放 b 的因子之和
for i in range(1,b//2+1):   #从 1 到 b//2 把 b 的因子累加到 sb 中
    if b%i==0:
        sb+=i
if a==sb and b==sa:         #若满足亲和数的条件则输出 YES，否则输出 NO
    print("YES")
else:
    print("NO")
```

运行结果如下。

```
220 284 ↵
YES
```

本题也可用列表产生式求解，具体代码如下。

```python
a,b=map(int,input().split())
sa=sum([i for i in range(1,a//2+1) if a%i==0])   #从 1 到 a//2 把 a 的因子求和到 sa 中
sb=sum([i for i in range(1,b//2+1) if b%i==0])   #从 1 到 b//2 把 b 的因子求和到 sb 中
print('YES' if a==sb and b==sa else 'NO')        #若满足条件则输出 YES，否则输出 NO
```

例 3.3.10 求数位之和

输入一个正整数，求其各个数位上的数字之和。例如，输入 12345，输出 15。

解析：

本题需要数位分离，即把一个整数的个位、十位、百位等数位分离出来。可以不断地取得个位相加，再把个位去掉，直到该数等于 0 为止。具体代码如下。

```python
n=int(input())      #输入整数 n
s=0                 #累加单元清 0
while n>0:          #当 n>0 时循环
    s+=n%10         #n%10 取得 n 的个位
```

```
    n//=10                       #n//=10 去掉 n 的个位
    print(s)                     #输出结果
```

运行结果如下。

```
12345↵
15
```

本题也可用列表产生式求解,具体代码如下。

```
n=input()                        #输入字符串 n
print(sum([int(it) for it in n]))  #将字符串 n 中的每个字符转换为整数求和
```

例 3.3.11　数列求和

输入实数 e,求下面数列的所有大于或等于 e 的数据项之和,显示输出计算的结果(四舍五入保留 6 位小数)。

$$\frac{1}{2}、\frac{3}{4}、\frac{5}{8}、\frac{7}{16}、\frac{9}{32}……$$

解析:

观察上面的数列,发现什么规律?

规律 1:分子为从 1 开始的奇数、分母为 2 的幂次,即第 i 项的通项公式为 $(2i-1)/2^i$。

规律 2:第一项分子为 1、分母为 2,后项与前一项相比,分子值增加 2,分母值增加 1 倍。

这里采用按规律 2,逐项累加。具体代码如下。

```
e=float(input())
a=1                          #首项分子
b=2                          #首项分母
t=a/b                        #首项
sum=0                        #累加单元清 0
while t>=e:                  #当前项满足要求
    sum+=t                   #累加当前项
    a+=2                     #下一项分子
    b*=2                     #下一项分母
    t=a/b                    #下一项
print("%.6f" % sum)          #结果保留 6 位小数
```

运行结果如下。

```
0.000001↵
2.999998
```

采用规律 1 的代码留给读者自行实现。

例 3.3.12　星号三角形

输入整数 n,显示星号 * 构成的三角形。例如,$n=6$ 时,显示的三角形如下。

```
      *
     ***
    *****
   *******
  *********
 ***********
```

解析：

二维图形的输出，一般在观察图形得到规律后用二重循环实现。对于本题，若输入 n，则输出 n 行，且第 $i(1 \leqslant i \leqslant n)$ 行有 $n-i$ 个空格和 $2i-1$ 个 * 。故采用二重循环，第一重循环(外循环)控制行数，第二重循环(内循环)控制每行的空格数和 * 的个数。具体代码(i 从 0 开始)如下。

```
n=int(input())
for i in range(n):              #外循环,控制行数
    for j in range(n-1-i):      #内循环,控制每行前面的空格数
        print(' ',end='')
    for j in range(2*i+1):      #内循环,控制每行 * 的个数
        print('*',end='')
    print()                     #每行输出完毕后换行
```

运行结果如下。

```
6↵
     *
    ***
   *****
  *******
 *********
***********
```

多重循环的执行过程如下。

外循环变量每取一个值，内循环完整执行一遍。

上面的程序当外循环变量 i 为 0 时，内循环中第一个循环控制输出 $n-1$ 个空格，内循环中第二个循环控制输出 1 个 * ；外循环变量 i 为 1 时，内循环中第一个循环控制输出 $n-2$ 个空格，内循环中第二个循环控制输出 3 个 * ，……，外循环变量 i 为 $n-1$ 时，内循环中第一个循环中的可迭代对象为空，该循环不执行，没有空格输出，内循环中第二个循环控制输出 $2n-1$ 个 * 。

本题也可一重循环求解，对于第 $i(1 \leqslant i \leqslant n)$ 趟循环，用 * 复制字符串产生 $n-i$ 个空格和 $2i-1$ 个 * 并连接起来再输出。具体代码如下。

```
n=int(input())
for i in range(1,n+1):         #循环 n 次
    s=' '*(n-i)                #产生 n-i 个空格
```

```
    t='*'*(2*i-1)              #产生 2i-1 个星号
    print(s+t)                 #将空格和星号连接起来输出
```

例 3.3.13　计算 sin$x$ 的近似值

输入一个整数 y($0<y<180$),表示角度。按下面的计算公式,通过累加所有绝对值大于或等于 0.000 001 的项来计算 sin$x$ 的近似值,其中,x 是弧度。弧度$=y\times\pi/180$,圆周率 $\pi=3.141\ 592\ 6$。结果保留 6 位小数。

$$\sin x = \frac{x}{1} - \frac{x^3}{3!} + \frac{x^5}{5!} - \frac{x^7}{7!} + \cdots$$

解析：

观察计算公式,发现什么规律?

规律 1:第 n 项的分子为 x 的 $2n-1$ 次幂(与前一项相差一个因子$-x^2$)、分母为 $(2n-1)!$;

规律 2:第一项为 x,第 n 项的通项为 $(-1)^{n-1}x^{2n-1}/(2n-1)!$,后项与前一项相比,可发现相差一个因子$-x^2/((2n-1)(2n-2))$。

可根据规律 2,逐项累加。0.000 001 可表示为 1e-6。具体代码如下。

```
s=0                            #累加单元清 0
y=int(input())                 #输入角度
x=y*3.1415926/180              #计算弧度
t=x                            #t 表示某一项,首项为 x
n=1
while abs(t)>=1e-6:            #abs(t)求实数 t 的绝对值
    s+=t
    n+=1
    t*=-x*x/(2*n-1)/(2*n-2);   #求得新项
print("%.6f" %s);              #结果保留 6 位小数
```

运行结果如下。

```
90↵
1.000000
```

其中,内置函数 abs 用于求绝对值。

也可以采用规律 1 实现,具体代码如下。

```
s=0                            #累加单元清 0
y=int(input())                 #输入角度
x=y*3.1415926/180              #计算弧度
t=x                            #首项分子
r=1                            #首项分母
n=1                            #n=1 表示第一项
```

```
while abs(t/r)>=1e-6:        #若当前项的绝对值不小于 1e-6
    s+=t/r                   #把当前项加入 s
    t*=-x*x                  #下一项的分子
    n+=1                     #项数加 1
    r=1
    for i in range(1,2*n):   #计算下一项的分母
        r*=i
print("%.6f" %s)             #结果保留 6 位小数
```

此代码在 while 循环中嵌套了 for 循环求阶乘，是二重循环的实现方式。另外，本例中阶乘是除数，也可以考虑不计算阶乘而在 for 循环中用"t/=i"求得各项，具体代码留给读者自行实现。

例 3.3.14　素数判断

输入一个正整数 $n(n>1)$，判断该数是否为素数。如果 n 为素数则输出 yes；反之输出 no。

解析：

根据素数的定义，除了 1 和本身之外没有其他因子的自然数是素数。因此，对于正整数 $n(n>1)$，可从 2 到 $n-1$ 去检查是否有 n 的因子，若有，则可确定 n 不是素数，不必再检查是否有其他因子。根据这个思路，具体代码如下。

```
n=int(input())
flag=True                   #假设 n 为素数，标记变量设为 True
for i in range(2,n):
    if n%i==0:              #若 i 是 n 的因子，则可判断 n 不是素数并结束循环
        flag=False          #标记变量改为 False
        break               #跳出循环
if flag==True:              #若标记变量为 True，则 n 为素数，否则 n 不是素数
    print("yes")
else:
    print("no")
```

运行结果如下。

```
13 ↵
yes
```

上面的代码中，for 循环有两个出口：一个是循环变量 i 不能取得新值；另一个是执行了 break 语句，使得程序流程直接从循环中跳出。

注意，若题面没有 $n>1$ 的条件，即输入的 n 可能等于 1，则需对 1 进行特判并输出 no，否则 n 等于 1 时 flag 保持为 True，将输出 yes。

实际上，若本例的 for 循环中带 else 子句，则不需使用标记变量 flag。具体代码如下。

```
n=int(input())
for i in range(2,n):
    if n%i==0:                  #若有因子则输出 no 并结束循环
        print("no")
        break                   #若执行 break 语句,则跳过循环的 else 子句而结束循环
else:                           #若未执行 break 语句,则执行 else 子句后的语句
    print("yes")
```

注意,一个 break 语句只能跳出一个循环。如果要用 break 跳出二重循环,可以在内、外循环中都使用 break。

对于 2 147 483 647 这个素数而言,上面判断是否有因子的循环需要执行 2 147 483 645 次。显然效率很低,能否改进代码,提高效率呢? 因 n 除了本身之外的最大可能因子是 $n//2$,故 range($2,n$)可改为 range($2,n//2+1$),这样对于一个素数的判断循环次数少了约一半,效率得到提高。

实际上,效率可以进一步提高,因为若 n 是合数(即不是素数),则可以分解为两个因子(设为 a、b,且 $a\leqslant b$)之积,即 $n=a\times b$,因 $a^2\leqslant a\times b\leqslant b^2$,故 $a^2\leqslant n\leqslant b^2$,则 $a\leqslant\sqrt{n}\leqslant b$。

可见,a 这个因子不大于 $\sqrt{n}$,因此可以检查至 $\sqrt{n}$ 即可,因为若 $\sqrt{n}$ 之前没有 n 的因子,则 $\sqrt{n}$ 之后也不会有 n 的因子。具体代码如下。

```
from math import sqrt            #引入 math 模块的 sqrt 函数
n=int(input())
k=int(sqrt(n))                   #求得根号 n 并转换为整数
flag=True
for i in range(2,k+1):           #在闭区间[2,k]内判断是否有 n 的因子
    if n%i==0:                   #若 i 是 n 的因子,则改变 flag 的值并结束循环
        flag=False
        break
if flag==True:
    print("yes")
else:
    print("no")
```

对于 2 147 483 647 而言,上面判断是否有因子的循环需要执行 46 339 次,效率远高于前一种方法。另外,使用 sqrt 函数需引入 math 模块。注意,sqrt 函数返回的是实数,需转换为整数,否则用于 range 函数中将出错。若不用 sqrt 函数,则可 $k=int(n**0.5)$。

例 3.3.15　百钱百鸡

公鸡 5 元 1 只,母鸡 3 元 1 只,小鸡 1 元 3 只。要求 100 元钱买 100 只鸡,请问公鸡、母鸡、小鸡各多少只(某种鸡可以为 0 只)?

解析:

分别设 3 种鸡的只数为 x、y、z,然后利用总数量、总金额两个条件,可以列出两个方程:

(1) $x+y+z=100$

70

(2) $5x+3y+\dfrac{z}{3}=100$

两个方程共有 3 个未知数，不能直接求出结果。可以使用穷举法（也称枚举法，对拟求解问题的所有可能情况逐一检查是否为该问题的解）对 $x(0\sim20)$、$y(0\sim33)$、$z(0\sim100)$ 的各种取值逐一检查是否满足这两个方程，如果满足，则得出一组结果。

根据以上分析，可以用三重循环求解，具体代码如下。

```
for i in range(0,21):          #公鸡只数 i 从 0 到 100//5=20 尝试
    for j in range(0,34):      #母鸡只数 j 从 0 到 100//3=33 尝试
        for k in range(0,101): #小鸡只数从 0 到 100 尝试
            if i+j+k==100 and i*5+j*3+k/3==100:
                print(i,j,k)    #若满足百钱百鸡条件,则输出
```

运行结果如下。

```
0 25 75
4 18 78
8 11 81
12 4 84
```

实际上，当公鸡和母鸡的只数分别为 x、y 时，可以直接计算得到小鸡的只数 $z=100-x-y$，因此小鸡只数不需从 $0\sim100$ 逐一尝试，如此仅用二重循环即可求解，具体代码如下。

```
for i in range(0,21):          #公鸡只数 i 从 0 到 100//5=20 尝试
    for j in range(0,34):      #母鸡只数 j 从 0 到 100//3=33 尝试
        k=100-i-j              #按公鸡只数和母鸡只数计算小鸡只数
        if i*5+j*3+k/3==100:   #若满足钱数为 100,则输出
            print(i,j,k)
```

请读者思考，是否能用一重循环求解此例。若能，则实现之。

3.4 在线题目求解

例 3.4.1 平均值

在一行上输入若干整数，每两个整数以一个空格间隔，求这些整数的平均值。

输入格式：

首先输入一个正整数 T，表示测试数据的组数，然后输入 T 组测试数据。每组测试输入一个字符串（仅包含数字字符和空格）。

输出格式：

对于每组测试，输出以空格分隔的所有整数的平均值，结果保留 1 位小数。

输入样例：	输出样例：
1	5.5
1 2 3 4 5 6 7 8 9 10	

解析：

循环次数固定为 T，用 for 循环比较简洁。在控制组数的循环中逐个输入字符串，把 input 函数输入的字符串用其 split 方法把各个整数字符串分割出来，并用内置函数 map 和 list 转换为整数列表 s，然后用内置函数 sum 对列表 s 求和，再除以列表长度 $len(s)$ 即可求得平均值。具体代码如下。

```
T=int(input())
for i in range(T):
    s=list(map(int,input().split()))    #s 是一个由若干整数构成的列表
    print("%.1f" % (sum(s)/len(s)))      #输出平均值,结果保留 1 位小数
```

运行结果如下。

```
2↵
1 2 3 4 5 6 7 8 9 10↵
5.5
1 2 3 4 5↵
3.0
```

例 3.4.2　闰年判断

闰年是能被 4 整除但不能被 100 整除或者能被 400 整除的年份。请判断给定年份是否是闰年。

输入格式：

首先输入一个正整数 T，表示测试数据的组数，然后输入 T 组测试数据。每组测试数据输入一个年份 y。

输出格式：

对于每组测试，若 y 是闰年则输出 YES，否则输出 NO。

输入样例：	输出样例：
2	YES
2008	NO
1900	

解析：

因闰年是能被 4 整除但不能被 100 整除或者能被 400 整除的年份，故判断年份 y 是否是闰年的条件为"y%4==0 and y%100!=0 or y%400==0"。本题可用一个循环控制测试组数，每次循环输入一个年份 y，若 y 满足闰年条件，则输出 YES，否则输出 NO。具体代码如下。

```
T=int(input())               #输入测试组数
for t in range(T):           #外循环控制 T 组测试
    y=int(input())           #输入年份 y
```

```
if y%4==0 and y%100!=0 or y%400==0:        #y 满足闰年的条件
    print("YES")
else:
    print("NO")
```

运行结果如下。

```
3 ↵
2008 ↵
YES
1900 ↵
NO
2020 ↵
YES
```

例 3.4.3 求 $n!$

$$n!=\begin{cases}1, & n=0,1\\ 1\times2\times\cdots\times n, & n>1\end{cases}$$

输入格式：

首先输入一个正整数 T，表示测试数据的组数，然后输入 T 组测试数据。每组测试数据输入一个正整数 $n(n\leqslant12)$。

输出格式：

对于每组测试，输出整数 n 的阶乘。

输入样例：
1
5

输出样例：
120

解析：

可用一个外循环控制测试组数，内循环将 $1\sim n$ 逐个乘到连乘单元（初值置为 1）中。

```
T=int(input())              #输入测试组数
for t in range(T):          #外循环控制 T 组测试
    n=int(input())          #输入 n
    res=1                   #连乘单元置初值 1
    for i in range(1,n+1):  #内循环控制从 1 乘到 n
        res *=i
    print(res)
```

运行结果如下。

```
3 ↵
5 ↵
120
```

```
12 ↵
479001600
10 ↵
3628800
```

在 Python 中,可以认为整数的表示范围不受限,例如,运行本程序时,若输入 100,则 100!(结果长达 158 位)也能求得。另外,可直接调用 math 模块中的 factorial 函数求阶乘。例如:

```
import math                    #导入 math 模块
print(math.factorial(100))    #math.factorial(100)表示 100!
```

例 3.4.4　统计数字

输入一个字符串,统计其中数字字符的个数。

输入格式:

首先输入一个正整数 T,表示测试数据的组数,然后输入 T 组测试数据。每组测试输入一个仅由字母和数字组成的字符串(长度不超过 80)。

输出格式:

对于每组测试,在一行上输出该字符串中数字字符的个数。

输入样例:	输出样例:
2	6
ac520ac520	3
a1c2m3sdf	

解析:

可用一个外循环控制测试组数,每次循环输入一个字符串后,内循环扫描该字符串,逐个字符进行检查,若是数字字符,则计数器(初值为 0)增 1。具体代码如下。

```
T=int(input())
for t in range(T):
    s=input()                      #输入字符串
    cnt=0                          #计数器清 0
    for c in s:                    #扫描字符串逐个字符检查
        if c>='0' and c<='9':      #若字符为数字字符,则计数器加 1
            cnt+=1
    print(cnt)
```

运行结果如下。

```
3 ↵
ac520ac520 ↵
6
```

```
a1c2m3sdf↵
3
12345abc↵
5
```

判断字符 c 是数字字符也可用字符串的成员函数 isdigit，即用"c.isdigit()＝＝True"表示 c 是数字字符。可用列表产生式简化代码，具体代码如下。

```
T=int(input())
for t in range(T):
    #扫描输入的字符串逐个字符检查,若是数字字符则计数器 cnt 增 1
    cnt=sum([1 for c in input() if c.isdigit()])
    print(cnt)                    #输出结果
```

例 3.4.5   组合数

输入两个正整数 n、m，要求输出组合数 C_n^m。

例如，当 $n＝5$、$m＝3$ 时，组合数 $C_5^3＝\dfrac{5×4×3}{3×2×1}＝10$。

输入格式：

测试数据有多组，处理到文件尾。每组测试输入两个整数 $n,m(0＜m≤n≤20)$。

输出格式：

对于每组测试，输出组合数 C_n^m。

输入样例：	输出样例：
5 3	10
20 12	125970

解析：

本题可以根据组合数计算公式 $C_n^m＝\dfrac{n×(n-1)×\cdots×(n-m+1)}{m×(m-1)×\cdots×1}$，使循环变量 i 从 1 到 m 进行循环，在每次循环中，结果变量（连乘单元，初值为 1）先乘以 $n-i+1$ 再除以 i。具体代码如下。

```
try:
    while True:
        n,m=map(int,input().split())
        res=1                    #连乘单元置初值 1
        for i in range(1,m+1):   #从 1 到 m 进行循环,res 每次乘以 n-i+1,整除 i
            res*=n-i+1
            res//=i
        print(res)
except EOFError:pass
```

运行结果如下。

```
20 10 ↵
184756
18 13 ↵
8568
```

因组合数公式又可写为 $C_n^m = \dfrac{n!}{m!(n-m)!}$，故可调用 math 模块中的阶乘函数 factorial 求解。具体代码如下。

```
from math import factorial
while True:
    try:
        n,m=map(int, input().split())
    except EOFError: break
    print(factorial(n)//factorial(m)//factorial(n-m))
```

例 3.4.6　单词首字母大写

输入一个英文句子，要求将每个单词的首字母改成大写字母。

输入格式：

测试数据有多组，处理到文件尾。每组测试输入一行，包含一个长度不超过 100 的英文句子（仅包含大小写英文字母和空格），单词之间以一个空格间隔。

输出格式：

对于每组测试，输出按照要求改写后的英文句子。

输入样例：	输出样例：
i like acm	I Like Acm
i want to get accepted	I Want To Get Accepted

来源：

HDOJ 2026

解析：

一种思路是根据字符串的成员函数 split，把英文句子分割为单词存放在单词列表中，遍历单词列表，先把每个单词转换为字符列表（因字符串不支持项赋值，故作此转换），若首字母为小写则改为大写（用 ord 函数求小写字母的 Unicode 码值加上大小写字母的 Unicode 码值之差，并用 chr 函数转换），再用空串的成员函数 join 把字符列表的各个字符拼接为单词字符串，输出时再用循环变量控制单词之间留一个空格。具体代码如下。

```
try:
    while True:
```

```
            s=input().split()                    #按空格分割单词存放在列表中
            for i in range(len(s)):              #遍历单词列表
                t=list(s[i])                     #把表示一个单词的字符串转换为列表
                if t[0]>='a' and t[0]<='z':      #若首字母是小写字符,则转换为大写
                    t[0]=chr(ord(t[0])+(ord('A')-ord('a')))
                t="".join(t)                     #连接字符列表中的各元素为一个单词字符串
                if i>0:print(' ',end='')         #控制单词之间留一个空格
                print(t,end='')                  #输出一个单词
            print()                              #每个英文句子输出完毕后换行
    except EOFError:pass
```

运行结果如下。

```
I like acm ↵
I Like Acm
i want to get Accepted ↵
I Want To Get Accepted
```

内置函数 chr 把 Unicode 码值转换为字符,内置函数 ord 求得字符的 Unicode 码值。例如,chr(65)='A',ord('a')=97。

判断字符 $t[0]$ 是小写字母也可用字符串的成员函数 islower,即用"$t[0]$.islower()==True"表示 $t[0]$ 是小写字母。

另外,内置函数 str 可把整数转换为字符串,例如,str(123)='123';反之,内置函数 int 可把数字字符串转换为数字,例如,int('123')=123。

上述代码较烦琐,采用字符串的"标题化"成员函数 title 可简化编程。具体代码如下。

```
while True:
    try:
        s=input()
    except EOFError: break
    print(s.title())
```

需要注意的是,字符串的 title 方法会把并非首字母的大写字母转换为小写。对于有大写的非首字母的情况,该如何改写上述代码呢？请读者自行思考并实现。

例 3.4.7　列出完数

输入一个整数 n,要求输出 $[1,n]$ 范围内的所有完数。完数是一个正整数,该数恰好等于其所有不同的真因子之和。例如,6、28 是完数,因为 6=1+2+3,28=1+2+4+7+14;而 24 不是完数,因为 24≠1+2+3+4+6+8+12=36。

输入格式:
测试数据有多组,处理到文件尾。每组测试数据输入一个整数 $n(1{\leqslant}n{\leqslant}10\ 000)$。

输出格式:
对于每组测试,首先输出 n 和一个冒号":";然后输出所有不大于 n 的完数(每个数据

之前留一个空格）；若 $[1,n]$ 范围内不存在完数，则输出 NULL。具体输出格式参考输出样例。

输入样例：	输出样例：
100	100: 6 28
5000	5000: 6 28 496
5	5: NULL

来源：

ZJUTOJ 1190

解析：

对于本题，直观思路是从 1 到 n 逐个数据处理，对于每个数先求出它的所有真因子的和（设为 s），再判断 s 是否等于该数，若是则计数并输出。具体代码如下。

```python
try:
    while True:
        cnt=0
        n=int(input())
        print(n,end=":")                  #以冒号作为结束符
        for i in range(6,n+1):
            s=0
            for j in range(1,i//2+1):     #求 i 的真因子之和
                if i%j==0:
                    s+=j
            if s==i:                       #i 的真因子之和等于 i
                cnt+=1                     #计数器加 1
                print('',i,end='')         #输出完数 i,之前输出一个默认的空格
        if cnt==0:print(" NULL")
        else: print()
except EOFError:pass
```

运行结果如下。

```
1000 ↵
1000: 6 28 496
10000 ↵
10000: 6 28 496 8128
5 ↵
5: NULL
```

语句"print('',i,end='')"可以控制在输出 i 之前先空出一个空格，因为 print 函数在输出两个数据时默认有一个空格间隔，这里有"(空串)和 i 两个数据，先是空串故没有内容输

程序控制结构

出，然后输出一个空格间隔符，最后输出 i，从而控制数据之前留一个空格。读者也可用其他方法控制空格的输出。

另外，用一个计数器来控制没有完数时输出 NULL，这是一种常用的方法，希望读者熟练掌握。当然，也可以用标记变量（设为 flag）的方法，flag 初值设为 False，若有完数时则把 flag 的值改为 True，最后检查 flag 的值，若其值为 False 则输出 NULL。若已知 6 是最小的完数，则可以在 n 小于 6 时直接输出 NULL。

上面的代码在本地（自己使用的计算机）运行无误。但细心的读者会注意到在输入 10 000 时，程序运行耗时较多。若在线题目的测试数据接近 10 000 的较多，则提交代码后将得到超时反馈。此时，可用空间换时间的方法避免超时，即把完数先保存起来，输入数据后再从保存的结果中把答案取出来。运行上述代码可知，10 000 以内的完数仅有 4 个，即 6、28、496、8128，如此相当于结果已经保存，则在输入 n 时，可根据 n 与这 4 个完数的大小关系输出相应的完数。具体代码如下。

```python
try:
    while True:
        n=int(input())
        print(n,end=':')
        if n<6: print(" NULL")
        elif n<28: print(" 6")
        elif n<496: print(" 6 28")
        elif n<8128: print(" 6 28 496")
        elif n<=10000: print(" 6 28 496 8128")
except EOFError:pass
```

实际上，在 Python 中常用列表保存结果。本题用列表处理的代码详见第 4 章。

习　　题

一、选择题

1. Python 过程化程序设计的 3 种基本程序控制结构是（　　）。

    A. 顺序结构、选择结构、循环结构　　　　B. 输入、处理、输出

    C. for、while、if　　　　D. 复合语句、基本语句、空语句

2. 下面有关 if 语句的描述，错误的是（　　）。

    A. if 语句可以实现单分支、双分支及多分支选择结构

    B. 若 if 语句嵌套在 else 子句中，可以简写为 elif 子句

    C. 满足 if 后的条件时执行的多条语句需用大括号括起来

    D. if 的条件之后、else 之后都需要带冒号

3. 下面有关 for 循环的描述，正确的是（　　）。

    A. for 循环的循环体中改变循环变量将影响循环的执行次数

    B. 在 for 循环的 else 子句中，循环变量的值不再处于可迭代对象范围内

    C. 在 for 循环中，不能用 break 语句跳出循环体

D. for 循环通常用于循环次数确定的情况

4. 下面有关 while 循环的描述,错误的是(　　)。

　　A. while 循环的循环体中通常有多条语句,而且这些语句的缩进量应一致

　　B. 在 while 循环的 else 子句中循环条件是不成立的

　　C. while True 循环中应有结束循环的语句,例如 break 语句

　　D. while 循环不能用于循环次数确定的情况

5. 若有 a=[i * i for i in range(3,6)],则 *a* 为(　　)。

　　A. [9, 16, 25, 36]　　　　　　　　　B. [9, 16, 25]

　　C. [4, 9, 16]　　　　　　　　　　　D. 以上都错

6. 若有 a=[2 * i for i in range(3,0,-1)],则 *a* 为(　　)。

　　A. [6, 4, 2]　　　B. [6, 4, 2, 0]　　　C. [6, 0, -2]　　　D. 以上都错

7. 关于下列代码段的说法,正确的是(　　)。

```
k=10
while k%3==0: k-=1
```

　　A. 循环体语句一次都不执行　　　　　B. 循环体语句执行无数次

　　C. 循环体语句执行 11 次　　　　　　D. 以上答案都错

8. 下列关于代码段的说法,正确的是(　　)。

```
k=6
while k%3==0: k-=3
```

　　A. 循环体语句一次都不执行　　　　　B. 循环体语句执行无限次

　　C. 循环体语句执行 3 次　　　　　　D. 以上答案都错

9. 以下是无限循环的语句为(　　)。

　　A. for i in "abcde":print(i)

　　B. for i in range(3,10,-1):print(i)

　　C. i=1
　　　while True: print(i); i+=1; continue

　　D. i=1
　　　while True: print(i); i+=1; break

10. 以下代码段的运行结果是(　　)。

```
for i in range(1,4):
    for j in range(1,4):
        print("%3d" % (i * j),end='')
        if j%2==0: break
    if j==4: break
print()
```

A. 1 2

B. 1 2 2 4 3 6

C. 1 2 3 2 4 6 3 6 9

D. 以上都错

二、在线编程题

1. 输入输出练习（1）

共有 T 组测试数据，每组测试求 n 个整数之和。

输入格式：

首先输入一个正整数 T，表示测试数据的组数，然后输入 T 组测试数据。每组测试先输入数据个数 n，再输入 n 个整数，数据之间以一个空格间隔。

输出格式：

对于每组测试，在一行上输出 n 个整数之和。

输入样例：	输出样例：
2	10
4 1 2 3 4	21
5 1 8 3 4 5	

2. 输入输出练习（2）

测试数据有多组，处理到文件尾。每组测试求 n 个整数之和。

输入格式：

测试数据有多组，处理到文件尾。每组测试先输入数据个数 n，再输入 n 个整数，数据之间以一个空格间隔。

输出格式：

对于每组测试，在一行上输出 n 个整数之和。

输入样例：
5 1 8 3 4 5

输出样例：
21

3. 输入输出练习（3）

测试数据有多组，每组测试求 n 个整数之和，处理到输入的 n 为 0 为止。

输入格式：

测试数据有多组。每组测试先输入数据个数 n，再输入 n 个整数，数据之间以一个空格间隔，当 n 为 0 时，输入结束。

输出格式：

对于每组测试，在一行上输出 n 个整数之和。

<table>
<tr><td>输入样例：
5 1 8 3 4 5
0</td><td>输出样例：
21</td></tr>
</table>

4. 输入输出练习（4）

求 n 个整数之和。T 组测试,且要求每两组输出之间空一行。

输入格式：

首先输入一个正整数 T,表示测试数据的组数,然后输入 T 组测试数据。每组测试先输入数据个数 n,再输入 n 个整数,数据之间以一个空格间隔。

输出格式：

对于每组测试,在一行上输出 n 个整数之和,每两组输出结果之间留一个空行。

<table>
<tr><td>输入样例：
2
4 1 2 3 4
5 1 8 3 4 5</td><td>输出样例：
10

21</td></tr>
</table>

5. 应缴电费

春节前后,电费大增。查询之后得知收费标准如下:

- 月用电量在 230 千瓦时及以下部分按每千瓦时 0.4983 元收费;
- 月用电量在 231~420 千瓦时的部分按每千瓦时 0.5483 元收费;
- 月用电量在 421 千瓦时及以上部分按每千瓦时 0.7983 元收费。

请根据月用电量(单位:千瓦时),按收费标准计算应缴的电费(单位:元)。

输入格式：

首先输入一个正整数 T,表示测试数据的组数,然后输入 T 组测试数据。对于每组测试,输入一个整数 $n(0 \leqslant n \leqslant 10\ 000)$,表示月用电量。

输出格式：

对于每组测试,输出一行,包含一个实数,表示应缴的电费。结果保留 2 位小数。

<table>
<tr><td>输入样例：
2
270
416</td><td>输出样例：
136.54
216.59</td></tr>
</table>

6. 小游戏

有一个小游戏,6 个人上台去算手中扑克牌点数之和是否是 5 的倍数,据说是小学生玩的。这里稍微修改一下玩法,n 个人上台,算手中数字之和是否同时是 5、7、3 的倍数。

输入格式：

首先输入一个正整数 T,表示测试数据的组数,然后输入 T 组测试数据。每组测试先输入一个整数 $n(1 \leqslant n \leqslant 15)$,再输入 n 个整数,每个都小于 1000。

输出格式：

对于每组测试,若 n 个整数之和同时是 5、7、3 的倍数则输出 YES,否则输出 NO。

81

第 3 章

程序控制结构

输入样例:	输出样例:
2	YES
3 123 27 60	NO
3 23 27 60	

7. 购物

小明购物之后搞不清最贵的物品价格和所有物品的平均价格,请帮他编写一个程序实现。

输入格式:

测试数据有多组,处理到文件尾。每组测试先输入一个整数 n ($1 \leqslant n \leqslant 100$),接下来的 n 行中每行输入一个英文字母表示的物品名及该物品的价格。测试数据保证最贵的物品只有一个。

输出格式:

对于每组测试,在一行上输出最贵的物品名和所有物品的平均价格,两者之间留一个空格,平均价格保留 1 位小数。

输入样例:	输出样例:
3	b 1.9
a 1.8	
b 2.5	
c 1.5	

8. 求等边三角形面积

数学基础对于程序设计能力而言很重要。对于等边三角形面积,请选择合适的方法计算。

输入格式:

测试数据有多组,处理到文件尾。每组测试输入一个实数表示等边三角形的边长。

输出格式:

对于每组测试,在一行上输出等边三角形的面积,结果保留 2 位小数。

输入样例:	输出样例:
1.0	0.43
2.0	1.73

9. 三七二十一数

某天,诺诺看到三七二十一(3721)数,觉得很神奇,这种数除以 3 余 2,而除以 7 则余 1。例如 8 是一个 3721 数,因为 8 除以 3 余 2,8 除以 7 余 1。现在给出两个整数 a、b,求区间 $[a,b]$ 中的所有 3721 数,若区间内不存在 3721 数则输出 none。

输入格式:

首先输入一个正整数 T,表示测试数据的组数,然后输入 T 组测试数据。每组测试输入两个整数 a、b ($1 \leqslant a < b < 2000$)。

输出格式:

对于每组测试,在一行上输出区间 $[a,b]$ 中所有的 3721 数,每两个数据之间留一个空格。如果给定区间不存在 3721 数,则输出 none。

输入样例:	输出样例:
2	none
1 7	8 29 50 71 92
1 100	

10. 胜者

Sg 和 Gs 进行乒乓球比赛,进行若干局之后,想确定最后是谁胜(赢的局数多者胜)。

输入格式:

测试数据有多组,处理到文件尾。每组测试先输入一个整数 n,接下来的 n 行中每行输入两个整数 a、b($0 \leqslant a$,$b \leqslant 20$),表示 Sg 与 Gs 的比分是 $a:b$。

输出格式:

对于每组测试数据,若还不能确定胜负则输出 CONTINUE,否则在一行上输出胜者 Sg 或 Gs。

输入样例:	输出样例:
2	Sg
13 11	
11 9	

11. 加密

信息安全很重要,特别是密码。给定一个 5 位的正整数 n 和一个长度为 5 的字母构成的字符串 s,加密规则很简单,字符串 s 的每个字符变为它后面的第 k 个字符,其中 k 是 n 的每一个数位上的数字。第一个字符对应 n 的万位上的数字,最后一个字符对应 n 的个位上的数字。简单起见,s 中的每个字符为 A、B、C、D、E 中的一个。

输入格式:

测试数据有多组,处理到文件尾。每组测试数据在一行上输入非负的整数 n 和字符串 s。

输出格式:

对于每组测试数据,在一行上输出加密后的字符串。

输入样例:	输出样例:
12345 ABCDE	BDFHJ

12. 求百分比

某班同学在操场上排好队,请确定男、女同学的比例。

输入格式:

测试数据有多组,处理到文件尾。每组测试数据输入一个以"."结束的字符串,串中每个字符可能是 M、m、F、f 中的一个,m 或 M 表示男同学,f 或 F 表示女同学。

输出格式:

对于每组测试数据,在一行上输出男、女同学的百分比,结果四舍五入到 1 位小数。输出形式参照输出样例。

输入样例：	输出样例：
FFfm.	25.0 75.0
MfF.	33.3 66.7

13. 求某校有几人

某学校教职工人数不足 n 人，在操场排队，7 人一排剩 5 人，5 人一排剩 3 人，3 人一排剩 2 人。请问该校人数有多少种可能？最多可能有多少人？

输入格式：

测试数据有多组，处理到文件尾。每组测试输入一个整数 $n(1 \leqslant n \leqslant 10\ 000)$。

输出格式：

对于每组测试，输出一行，包含 2 个以一个空格间隔的整数，分别表示该校教职工人数的可能种数和最多可能的人数。

输入样例：	输出样例：
1000	9 908

14. 求昨天的具体日期

小明喜欢上了日期的计算。这次他要做的是日期的减 1 天操作，即求在输入日期的基础上减去 1 天后的结果日期。例如：日期为 2019-10-01，减去 1 天，则结果日期为 2019-09-30。

输入格式：

首先输入一个正整数 T，表示测试数据的组数，然后输入 T 组测试数据。每组测试输入一个日期，日期形式为 yyyy-mm-dd。保证输入的日期合法，而且输入的日期和计算结果都在 [1000-01-01, 9999-12-31] 范围内。

输出格式：

对于每组测试，在一行上以 yyyy-mm-dd 的形式输出结果。

输入样例：	输出样例：
1	2019-09-30
2019-10-01	

15. 求直角三角形的面积

已知直角三角形的三边长，求该直角三角形的面积。

输入格式：

首先输入一个正整数 T，表示测试数据的组数，然后输入 T 组测试数据。每组数据输入 3 个整数 a、b、c，代表直角三角形的三边长。

输出格式：

对于每组测试输出一行，包含一个整数，表示直角三角形的面积。

输入样例：	输出样例：
2 3 4 5 3 5 4	6 6

16. 求累加和

输入两个整数 n 和 a，求累加和 $S=a+aa+aaa+\cdots+aa\cdots a(n$ 个 $a)$ 的值。

例如，当 $n=5,a=2$ 时，$S=2+22+222+2222+22222=24\ 690$。

输入格式：

测试数据有多组，处理到文件尾。每组测试输入两个整数 n 和 $a(1\leqslant n,a<10)$。

输出格式：

对于每组测试，输出 $a+aa+aaa+\cdots+aa\cdots a(n$ 个 $a)$ 的值。

输入样例：	输出样例：
5 3	37035

17. 输出一个菱形

输入一个整数 n，输出 $2n-1$ 行构成的菱形，例如，$n=5$ 时的菱形如输出样例所示。

输入格式：

测试数据有多组，处理到文件尾。每组测试输入一个整数 $n(3\leqslant n\leqslant 20)$。

输出格式：

对于每组测试数据，输出一个共 $2n-1$ 行的菱形，具体参看输出样例。

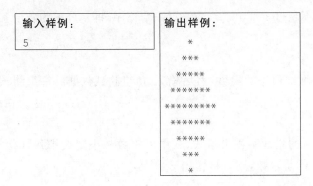

18. 水仙花数

输入两个 3 位的正整数 m、n，输出 $[m,n]$ 区间内所有的"水仙花数"。所谓"水仙花数"是指一个 3 位数，其各位数字的立方和等于该数本身。

例如，153 是一个水仙花数，因为 $153=1\times 1\times 1+5\times 5\times 5+3\times 3\times 3$。

输入格式：

测试数据有多组，处理到文件尾。每组测试输入两个 3 位的正整数 m、$n(100\leqslant m<n\leqslant 999)$。

输出格式：

对于每组测试，若 $[m,n]$ 区间内没有水仙花数则输出 none，否则逐行输出区间内所有的水仙花数,每行输出的格式为:$n = a * a * a + b * b * b + c * c * c$,其中 n 是水仙花数,a、b、c 分别是 n 的百、十、个位上的数字,具体参看输出样例。

输入样例:	输出样例:
100 150	none
100 200	153=1 * 1 * 1+5 * 5 * 5+3 * 3 * 3

19. 猴子吃桃

猴子第一天摘下若干桃子,当即吃了 2/3,还不过瘾,又多吃了一个,第二天早上又将剩下的桃子吃掉 2/3,又多吃了一个。以后每天早上都吃了前一天剩下的 2/3 再多一个。到第 n 天早上想再吃时,发现只剩下 k 个桃子了。求第一天共摘了多少桃子。

输入格式:

首先输入一个正整数 T,表示测试数据的组数,然后输入 T 组测试数据。每组数据输入两个正整数 n、$k(1 \leqslant n, k \leqslant 15)$。

输出格式:

对于每组测试数据,在一行上输出第一天共摘了多少个桃子。

输入样例:	输出样例:
2	6
2 1	93
4 2	

20. 分解素因子

假设 n 是一个正整数,它的值不超过 1 000 000,请编写一个程序,将 n 分解为若干素数的乘积。

输入格式:

首先输入一个正整数 T,表示测试数据的组数,然后输入 T 组测试数据。每组测试数据输入一个正整数 $n(1 < n \leqslant 1\,000\,000)$。

输出格式:

每组测试对应一行输出,输出 n 的素数乘积表示式,式中的素数从小到大排列,两个素数之间用一个 * 表示乘法。若输入的是素数,则直接输出该数。

输入样例:	输出样例:
2	2 * 2 * 3 * 3 * 3 * 7 * 13
9828	88883
88883	

21. 斐波那契分数序列

求斐波那契分数序列的前 n 项之和。斐波那契分数序列的首项为 2/1,后面依次是 3/2,5/3,8/5,13/8,21/13……

输入格式:

测试数据有多组,处理到文件尾。每组测试输入一个正整数 $n(2 \leqslant n \leqslant 20)$。

输出格式：

对于每组测试，输出斐波那契分数序列的前 n 项之和。结果保留 6 位小数。

输入样例：	输出样例：
3	5.166667
8	13.243746
15	24.570091

22. n 马 n 担问题

有 n 匹马，驮 n 担货，大马驮 3 担，中马驮 2 担，两匹小马驮 1 担，问有大、中、小马各多少匹？

输入格式：

测试数据有多组，处理到文件尾。每组测试输入一个正整数 $n(8 \leqslant n \leqslant 1000)$。

输出格式：

对于每组测试，逐行输出所有符合要求的大、中、小马的匹数（可为 0）。要求按大马数从小到大的顺序输出，每两个数字之间留一个空格。

输入样例：	输出样例：
20	1 5 14
	4 0 16

23. 查找字符串

在一行上输入 s 和 t 两个英文字符串，要求在 s 中查找 t。其中，字符串 s、t 均不包含空格，且长度均小于 80。

输入格式：

首先输入一个正整数 T，表示测试数据的组数，然后输入 T 组测试数据。每组测试输入两个长度不超过 80 的字符串 s 和 t。

输出格式：

对于每组测试数据，若在 s 中找到 t，则输出 Found!，否则输出 not Found!。

输入样例：	输出样例：
2	not Found!
dictionary lion	Found!
factory act	

24. 溢出控制

程序设计中处理有符号整型数据时，往往要考虑该整型数据的表示范围，否则，就会产生溢出（超出表示范围）。例如，1 字节（1 字节有 8 个二进制位）的整型能表示的最大整数是 $127(2^7-1)$；2 字节的整型能表示的最大整数是 $32\,767(2^{15}-1)$。为了避免溢出，事先确定 m 字节的整型能表达的最大整数是必需的。

输入格式：

测试数据有多组，处理到文件尾。每组测试输入一个整数 $m(1 \leqslant m \leqslant 16)$，表示某整型

程序控制结构

数有 m 字节。

输出格式：

对于每组测试数据，在一行上输出 m 字节的有符号整型数能表示的最大整数。

输入样例：	输出样例：
2	32767

第4章 | 列表与字典

4.1 引 例

例 4.1.1 列出完数

输入一个整数 n，要求输出 $[1, n]$ 范围内的所有完数。完数是一个正整数，该数恰好等于其所有不同真因子之和。例如，6、28 是完数，因为 $6 = 1 + 2 + 3, 28 = 1 + 2 + 4 + 7 + 14$；而 24 不是完数，因为 $24 \neq 1 + 2 + 3 + 4 + 6 + 8 + 12 = 36$。

输入格式：

测试数据有多组，处理到文件尾。每组测试数据输入一个整数 $n (1 \leqslant n \leqslant 10\ 000)$。

输出格式：

对于每组测试，首先输出 n 和一个冒号 ":"；然后输出所有不大于 n 的完数（每个数据之前留一个空格）；若 $[1, n]$ 范围内不存在完数，则输出 NULL。具体输出格式参考输出样例。

输入样例：	输出样例：
100	100: 6 28
5000	5000: 6 28 496
5	5: NULL

解析：

如例 3.4.7 中所讨论，若每输入一个数 n 就按完数的定义从 6 到 n 逐个判断是否是完数，则将导致在线提交得到超时反馈。为避免超时，可以把 $[1, 10\ 000]$ 范围内的所有完数（可运行例 3.5.7 的直观思路代码求得）存放在列表 a 中，输入 n 时，直接取得 a 中不大于 n 的完数输出，从而达到空间换时间的目的。具体代码如下。

```
a=[6,28,496,8128]                #初始化列表,把 10000 以内的完数保存在列表 a 中
try:
    while True:
        cnt=0
        n=int(input())
        print(n,end=':')
        for i in a:              #输入 n 后直接从列表 a 取得数据输出
```

```
        if i<=n:
            cnt+=1
        print('',i,end='')    #用print函数输出多个数据时,默认数据之间留一个空格
    else:break
    if cnt==0:print(" NULL")
    else: print()
except EOFError:pass
```

运行结果如下。

```
5 ↵
5: NULL
6 ↵
6: 6
28 ↵
28: 6 28
1000 ↵
1000: 6 28 496
10000 ↵
10000: 6 28 496 8128
```

上面的代码中，$a=[6,28,496,8128]$ 是列表赋值语句，通过赋值语句创建列表并指定列表中的 4 个元素的值分别为 6、28、496、8128。此处的空间换时间是指把 10 000 以内的完数保存到列表 a 中，对于每组测试输入直接从保存完数的列表中取得数据输出，而不必每次重新判断某个数是否是完数，提高了程序运行效率。借助列表实现空间换时间是程序设计竞赛中避免超时的一种基本方法。

4.2 一维列表

4.2.1 一维列表基础

一维列表的定义形式如下。

```
列表名=[列表值表]
```

列表名应是合法的用户标识符，列表值表可以为空（此时为空列表），也可以有一个或多个元素，各个元素之间以逗号分隔。列表是一种序列，可以通过下标（从 0 开始）访问列表中的各个元素。例如：

```
>>>a=[]                    #创建空列表
>>>b=[1]                   #创建包含一个元素的列表
>>>c=[1,2,3,4,5]           #创建包含多个元素的列表,元素之间以逗号间隔
```

```
>>>d=[0] * 5                  #通过 * 复制 5 个 0 创建列表
>>>print(d)
[0, 0, 0, 0, 0]
>>>e=[1,2,3]+[4,5,6]          #用+把两个列表合并为一个新的列表,原来的两个列表不变
>>>print(e)
[1, 2, 3, 4, 5, 6]
```

另外,内置函数 list 也可创建空列表。

对于列表,可以使用成员函数 append 往列表的最后添加元素。例如:

```
>>>a=[]                       #空列表
>>>a.append(1); a.append(2); a.append(3)
>>>print(a)
[1, 2, 3]
```

列表的长度(元素个数)可以用内置函数 len 求得。例如:

```
>>>words=["I", "Like", "Python"]
>>>print(len(words))
3
```

设列表长度为 n,则引用列表中的元素时可用的下标从 0 到 $n-1$,若超过 $n-1$ 则产生下标越界的错误。在 Python 中,还可使用负序号引用元素,对于列表 a,可用 $a[-i]$($1 \leqslant i \leqslant n$)表示 a 列表中的倒数第 i 个元素。例如:

```
>>>a=[1, 3, 5, 7, 9]
>>>print(a[0], a[4], a[-1], a[-5])   #分别取第 1 个、最后 1 个、倒数第 1 个、倒数第 5 个元素
1 9 9 1
```

通过切片操作可截取列表中的若干连续的元素构成子列表。例如:

```
>>>a=[1,3,5,7,9]
>>>print(a[2:])               #从下标为 2 的元素开始,取完为止
[5, 7, 9]
>>>print(a[2:5])              #从下标为 2 的元素开始,取完为止
[5, 7, 9]
>>>print(a[1:3])              #截取下标为 1、2 的两个元素
[3, 5]
>>>print(a[1:5])              #截取下标为 1、2、3、4 的 4 个元素
[3, 5, 7, 9]
>>>print(a[:4])               #截取下标为 0、1、2、3 的 4 个元素
[1, 3, 5, 7]
>>>print(a[:])                #截取所有元素
```

```
[1, 3, 5, 7, 9]
>>>print(a[-1:-4:-1])  #截取倒数第 1 个至倒数第 3 个元素构成子列表[a[-1],a[-2],a[-3]]
[9, 7, 5]
>>>a[-5:-1]                              #截取倒数第 5 个到倒数第 2 个元素
[1, 3, 5, 7]
>>>a[-3:]                                #截取最后 3 个元素
[5, 7, 9]
>>>a[:-3]                                #截取去掉最后 3 个元素之后的剩余元素
[1, 3]
```

列表中各个元素的类型可以各不相同。例如：

```
>>>a=[1, "Iris", False]      #3 个元素的类型分别是整型、字符串型、逻辑型
>>>a
[1, 'Iris', False]
```

列表的常用成员函数如表 4-1 所示，其中，示例涉及的列表创建如下。

```
l1=[1, 3, 5]; l2=[6, 4, 2]; l3=[7, 9, 8]; l4=[7, 9, 8]; l5=[1, 3, 1, 7, 5]
```

注意，表 4-1 中的每行示例相互独立，即对于每行示例，相应的列表重新创建如上。

表 4-1　列表常用成员函数

成员函数（方法）	功　　能	示　　例
append(obj)	添加对象 obj 到列表的最后	>>>l1.append(7); l1 [1, 3, 5, 7]
sort（key = None，reverse＝False）	根据关键字参数 key 对应函数的返回值进行排序，key 的默认值为 None，表示升序排序；逆序标记 reverse 默认为 False，表示不进行逆序处理，若指定 reverse 为 True，则将对排序结果进行逆序处理	>>>l2.sort(); l2 [2, 4, 6] >>>l2.sort(reverse=True); l2 [6, 4, 2] >>>l3.sort(key=lambda x: -x); l3 [9, 8, 7] >>>l4.sort(reverse=True); l4 [9, 8, 7]
reverse()	逆置列表	>>>l1.reverse(); l1 [5, 3, 1]
insert(idx, obj)	把 obj 插入下标为 idx（可以为 0 到列表长度）的位置	>>>l1.insert(4,7); l1 [1, 3, 5, 7] >>>l1.insert(0,2); l1 [2, 1, 3, 5, 7]
remove(val)	删除值为 val 的元素，若该值不存在则返回 ValueError	>>>l1.remove(5); l1 [1, 3]

成员函数（方法）	功　能	示　例
extend(iterable)	把可迭代对象 iterable 的所有元素添加到列表中	>>>l3.extend(l2); l3 [7, 9, 8, 6, 4, 2]
clear	清空列表	>>>l3.clear(); l3 []
count(val)	统计 val 出现的次数	>>>l5.count(1) 2
index(val, start＝0, stop＝2147483647)	返回 val 首次出现的下标,起始下标 start 默认为 0,终止下标 stop 默认为 2 147 483 647	>>>l5.index(1) 0 >>>l5.index(1,1) 2
pop(idx＝－1)	删除并返回下标为 idx 的元素,idx 默认值为－1,表示默认删除最后一个元素	>>>l5.pop() 5 >>>l5 [1, 3, 1, 7]

另外,列表中的元素可用 del 语句删除。例如:

```
>>>a=[1,2,3,4,5]
>>>del a[0]              #删除第一个列表元素
>>>a
[2, 3, 4, 5]
>>>del a[3]             #删除下标为 3 的列表元素
>>>a
[2, 3, 4]
>>>del a[1]             #删除下标为 1 的列表元素
>>>a
[2, 4]
```

在后面的章节中,经常使用列表的成员函数 sort 对列表进行排序。另外,也可以使用内置函数 sorted 对列表进行排序,其形式如下。

sorted(可迭代对象, key=None, reverse=False)

内置函数 sorted 可对可迭代对象排序并返回排序后的结果;排序时按关键字参数 key 对应函数的返回值进行排序,key 的默认值为 None,对应升序排序;逆序标记 reverse 默认为 False,表示不进行逆序处理,若指定 reverse 为 True,则将对排序结果进行逆序处理(升序变为降序,降序变为升序)。若内置函数 sorted 的第一个参数为列表,则用该函数对列表排序。设待排序列表为 lst,则 sorted(lst)与 lst.sort()的主要不同之处在于前者不会改变 lst,而后者会改变 lst。因此,若希望 sorted(lst)操作后改变 lst,则需把 sorted(lst)的返回结果赋值给 lst,即 lst＝sorted(lst)。

下面给出 sorted 函数的若干示例。

```
>>>lst=[3,1,5,2,4]
>>>sorted(lst)                    #对列表 lst 升序排序
[1, 2, 3, 4, 5]
>>>lst                            #sorted(lst)操作后 lst 不会发生改变
[3, 1, 5, 2, 4]
>>>lst=sorted(lst)               #若把 sorted(lst)的返回结果赋值给 lst,则 lst 发生改变
>>>lst
[1, 2, 3, 4, 5]
>>>lst=[3,1,5,2,4]               #重新创建 lst
>>>sorted(lst, reverse=True)     #对列表 lst 升序排序并进行逆序处理
[5, 4, 3, 2, 1]
>>>sorted(lst, key=lambda x:-x)  #对列表 lst 降序排序
[5, 4, 3, 2, 1]
>>>sorted(lst, key=lambda x:-x, reverse=True)   #对列表 lst 降序排序并进行逆序处理
[1, 2, 3, 4, 5]
```

4.2.2 一维列表的运用

例 4.2.1 逆序输出

在一行上输入整数 n 及 n 个整数,然后按输入的相反顺序显示这 n 个整数。要求整数之间留一个空格。

解析:

一维列表的逆序输出可用一重循环从后往前输出。

控制每两个数据之间以一个空格间隔,一般常用如下两种方案。

方案 1: 第一个数据除外,输出每个数据之前,先输出一个空格。

方案 2: 最后一个数据除外,输出每个数据之后,再输出一个空格。

本例具体代码如下(方便读者比较起见,给出多种输出控制)。

```
n, * a=map(int,input().split())      #输入整数 n 并创建整数列表 a

#第 1 种方法,使用方案 1,根据循环变量控制
for i in range(n-1,-1,-1):           #range(n-1,-1,-1)产生数列 n-1,n-2,…,0
    if i!=n-1:                       #若不是第一个则输出一个空格
        print(' ',end='')
    print(a[i],end='')               #输出元素 a[i]
print()                              #一行输出后换行

#第 2 种方法,使用方案 1,根据计数器变量控制
cnt=0                                #计数器清 0
for i in range(n-1,-1,-1):           #range(n-1,-1,-1)产生数列 n-1,n-2,…,0
    cnt+=1                           #计数器加 1
    if cnt>1:                        #若不是第一个则输出一个空格
```

```
            print(' ',end='')
        print(a[i],end='')              #输出元素 a[i]
    print()                             #一行输出后换行

    #第 3 种方法,使用方案 1,根据标记变量控制
    flag=False                          #标记变量置初值
    for i in range(n-1,-1,-1):          #range(n-1,-1,-1)产生数列 n-1,n-2,…,0
        if flag!=False:                 #若不是第一个则输出一个空格
            print(' ',end='')
        print(a[i],end='')              #输出元素 a[i]
        flag=True                       #输出一个数后把标记变量改变
    print()                             #一行输出后换行

    #第 4 种方法,使用方案 2,根据循环变量控制
    for i in range(n-1,-1,-1):          #range(n-1,-1,-1)产生序列 n-1,n-2,…,0
        print(a[i],end='')              #输出元素 a[i]
        if i!=0:                        #若不是最后一个则在输出数据后再输出一个空格
            print(' ',end='')
    print()                             #一行输出后换行
```

运行结果如下。

```
5 1 2 3 4 5↵
5 4 3 2 1
5 4 3 2 1
5 4 3 2 1
5 4 3 2 1
```

上面的代码使用了 4 种方法控制数据之间间隔一个空格。在线做题时选择一种方法输出即可。前 3 种方法使用方案 1,分别用循环变量、计数器变量和标记变量进行控制,第 4 种方法使用方案 2,该方案一般通过循环变量来控制。读者也可以尝试其他控制方法。另外,因有时候最后一个的条件不方便表达(例如,控制到文件尾时),故推荐使用方案 1。通过计数器变量和标记变量控制每两个数据之间留一个空格是常用的方法,也适用于无法通过下标访问的对象(如集合)。

实际上,若待输出的是列表、元组、集合、字符串、字典等可迭代对象,且要求数据之间间隔一个空格,则可以直接在这些可迭代对象之前加一个星号" * "作为内置函数 print 的参数进行输出。例如:

```
a=list(map(int,input().split()))    #输入并创建整数列表 a
a.reverse()                         #逆置列表
print( * a)                         # * 表示逐个取出列表 a 中的元素作为 print 函数的参数
```

因为把 *a 作为 print 函数的参数实际上是把列表 a 中的各个元素逐个取出作为 print

函数的参数,例如,print(* [1,2,3,4,5])相当于 print(1,2,3,4,5);而且 print 函数的多个输出项之间默认以一个空格间隔,所以语句 print(* a)可以达到输出列表 a 的各个元素且每两个数据之间间隔一个空格的效果。若要求以其他字符作为间隔符,则可指定 print 函数的 sep 参数为该字符。例如:

```
>>>print( * [1,2,3,4,5],sep='*')   #以 * 作为间隔符
1 * 2 * 3 * 4 * 5
```

上述代码使用 a.reverse()逆置列表 a,另外也可用切片操作逆置列表,具体代码如下:

```
a=list(map(int,input().split()))   #输入并创建整数列表 a
a=a[-1:-len(a)-1:-1]               #逆置列表
print( * a)                        # * 表示逐个取出列表 a 中的元素作为 print 函数的参数
```

例 4.2.2　数位分离

输入一个正整数 n,要求输出其位数,并分别以正序和逆序输出各位数字。每两个数据之间用一个逗号","分隔。例如:输入 12345,则输出 5,1,2,3,4,5,5,4,3,2,1。

解析:

本例需把 n 的各个数位上的数字分离出来,可以不断使用取余运算符%取得个位($n\%10$)并存放在列表中,并用 $n=n//10$ 去掉个位,直到 n 为 0 时为止。位数的统计在数位分离的过程中同时完成。最终,原来 n 的低位存放在列表的前面位置(个位的下标为 0),高位存放在列表的后面位置。因此,正序输出只需从后往前输出,而逆序输出则从前往后输出。对于数据之间留一个空格,由于位数作为第一个数据先输出,因此在其后的数据输出之前直接先输出一个逗号即可。具体代码如下:

```
n=int(input())
a=[0] * 10                      #产生 10 个 0 构成的列表
i=0
while n>0:                      #数位分离
    a[i]=n%10
    n=n//10
    i+=1
print(i,end='')
for j in range(i-1,-1,-1):      #各数位正序输出
    print(',',a[j],sep='',end='')  #输出逗号和数据,以空串为间隔符、结束符
for j in range(i):             #各数位逆序输出
    print(',',end='')          #两个输出项分开输出,结束符都为空串
    print(a[j],end='')
print()
```

运行结果如下。

```
12345↵
5,1,2,3,4,5,5,4,3,2,1
```

使用字符串的切片操作和 join 方法,可简化编程,具体代码如下。

```
n=input()
s=list(n)+list(n[-1:-len(n)-1:-1])   #把字符串n及逆置的n分别转换为列表再合并为s
print(str(len(n))+','+','.join(s))   #把要输出的数据以逗号为间隔符连接起来输出
```

例 4.2.3   约瑟夫环

有 $n(n \leqslant 100)$ 个人围成一圈(编号为 $1 \sim n$),从第 1 号开始进行 1、2、3 报数,凡报 3 者就退出,下一个人又从 1 开始报数……直到最后只剩下一个人时为止。输入整数 n,请问最后剩下者原来的位置是多少号? 例如,输入 10,则输出 4。

解析:

本例可以采用打标记的方法,开始时把一个逻辑型列表的所有元素的值都设为 True 表示所有的人都在圈中;当剩余人数多于 1 时,从当前位置(开始时为 0)开始逐个扫描列表元素,检查当前下标对应的人是否已出圈,若已出圈则跳过该元素,否则计数器 cnt 增 1,若 cnt 是 3 的倍数,则相应的人出圈(对应元素置为 False);最后扫描列表,把值为 True 的元素的对应下标加 1(因为下标从 0 开始,而编号从 1 开始)输出。具体代码如下。

```
n=int(input())
a=[True]*n              #定义长度为 n 的逻辑型列表,所有元素为 True
j=-1                    #下标变量 j 赋初值
cnt=0                   #报数计数器赋初值
m=n                     #剩余人数计数器赋初值
while m>1:              #当剩余人数超过 1 时进行循环
    j=(j+1)%n           #下标指向下一个元素,若 j+1 为 n,则 j 为 0
    if a[j]==False:     #若已出圈则跳过
        continue
    cnt+=1              #报数计数器增 1
    if cnt%3==0:        #报数计数器为 3 的倍数
        a[j]=False      #标记为 False 表示出圈
        m-=1            #剩余人数计数器减 1
for i in range(n):      #查找最后剩下来的人并输出其编号
    if a[i]==True:
        print(i+1)
        break
```

运行结果如下。

```
69↵
68
```

因在 while 循环中用 $j=(j+1)\%n$ 不断指向下一个元素,而一开始需检查的元素下标为 0,故将 j 的初值设为 -1。

因最后只剩一个人对应的元素值为 True,可用列表的成员函数 index 直接定位并输出,即上述代码中最后的 for 循环可用以下代码替换。

```
print(a.index(True)+1)          #输出最后剩下来的人的编号
```

例 4.2.4 循环移位

先在第一行上输入两个整数 n 和 $m(1\leqslant m\leqslant n\leqslant 100)$,接着在第二行输入 n 个整数构成一个数列,要求把前 m 个数循环移位到数列的右边。

输入样例:	输出样例:
5 3	4 5 1 2 3
1 2 3 4 5	

解析:

对于本例,若是在线做题,则可以直接先输出数列的后半段再输出前半段。若确实进行移位,则可共进行 m 趟循环,每趟把第一个数移到最后:先把第一个数保存到临时变量中,再从第二个数开始都前移一个位置,最后把原来的第一个数放到最后位置。具体代码如下。

```
n,m=map(int, input().split())      #输入 n、m
a=list(map(int, input().split()))  #输入 n 个整数构成新的列表 a
for i in range(m):                 #进行 m 次循环,每次把第一个元素移到最后
    x=a[0]                         #暂存第一个数
    for j in range(1,n):           #把第二个到第 n 个数前移一个位置
        a[j-1]=a[j]
    a[n-1]=x                       #把原来的第一个数放到最后一个位置
print( * a)                        #输出列表元素,每两个数据之间间隔一个空格
```

运行结果如下。

```
5 2↵
1 2 3 4 5↵
3 4 5 1 2
```

使用列表切片操作可简化编程,对于列表 a,前 m 个数构成子列表 $a[:m]$,后 $n-m$ 个数构成子列表 $a[m:]$,因此移位后的结果列表为 $a[m:]+a[:m]$。具体代码如下。

```
n,m=map(int, input().split())      #输入 n、m
a=list(map(int, input().split()))  #输入 n 个整数构成新的列表 a
a=a[m:]+a[:m]                      #分别取得列表的前后两段再合并得到结果列表
print( * a)
```

一维列表的常用操作还包括查找、插入、删除、逆置等,可以调用列表成员函数实现,也可以使用循环结构实现,具体代码留给读者自行完成。

例 4.2.5 小者靠前

第一行输入整数 n,第二行输入 $n(1<n<100)$ 个整数到一个列表中,使得其中最小的一个数成为列表的第一个元素(首元素)。若有多个最小者,则首元素仅与最早出现的最小者交换。

解析:

本例可以通过扫描列表,找到最小者(记录下标),与下标为 0 的列表元素进行交换。具体代码如下。

```
n=int(input())
a=list(map(int,input().split()))
k=0                          #假设第一个数最小,下标记录在 k 中
for i in range(1,n):         #扫描列表,若后面的数小于假设的最小数,则记录其下标到 k 中
    if a[i]<a[k]: k=i
a[0],a[k]=a[k],a[0]          #最前面的数和最小的数交换位置
print( * a)                  #输出列表元素,每两个数据之间间隔一个空格
```

运行结果如下。

```
5↵
5 3 4 1 2↵
1 3 4 5 2
```

可通过列表的 index 方法返回最小数的下标简化编程,具体代码如下。

```
n=int(input())
a=list(map(int,input().split()))
k=a.index(min(a))           #假设第一个数最小,下标记录在 k 中
a[0],a[k]=a[k],a[0]         #最前面的数和最小的数交换位置
print( * a)                 #输出列表元素,每两个数据之间间隔一个空格
```

例 4.2.6 选择排序

第一行输入数据个数 $n(1<n<100)$,第二行输入 n 个整数构成整数序列,要求对该整数序列进行排序,使其按升序排列。要求采用选择排序法完成排序。

解析:

若数据存放在列表 a 中,则 a.sort() 或 $a=$sorted(a) 都能使列表 a 中的数据升序排序。因本题要求采用选择排序法完成排序,故需按选择排序的思想完成。

选择排序的思想:对 n 个数升序排列,共进行 $n-1$ 趟排序;每一趟从待排序列中选出最小的一个数,通过交换操作放到当前的最前位置。

其中,对于第 $i(0 \leqslant i<n-1)$ 趟排序,先假设待排序列中最前面的数(下标为 i)最小,以假设的当前最小数(下标为 k,初值为 i)与后面的数(下标为 j,且 $i<j<n$)比较,若后面的

数小,则使假设的当前最小数为该数(这里采用记录下标的方法,即 $k=j$),最后若实际的当前最小数(下标为 k)不在当前的最前位置(下标为 i),则交换 i、k 位置上的数。

对于待排序列 $(12,23,9,34,7)$,在第 1 趟排序时,i、k 的初值都为 0,排序过程中依次进行 4 次比较。

第 1 次:12 与 23 比较,当前最小数为 12,其下标 k 不变,依然为 0;

第 2 次:12 与 9 比较,当前最小数为 9,其下标为 2,将其记录到 k 中,即 $k=2$;

第 3 次:9 与 34 比较,当前最小数为 9,其下标 k 不变,依然为 2;

第 4 次:9 与 7 比较,当前最小数为 7,其下标为 4,将其记录到 k 中,即 $k=4$。

可见,当前最小数(下标 $k=4$)不在当前最前面的位置(下标 $i=0$),因此交换下标分别为 0、4 的元素,即交换 12 和 7,从而得到第 1 趟选择排序的结果:$(7,23,9,34,12)$。

其余各趟选择排序的过程类似,留给读者自行分析。

待排序列 $(12,23,9,34,7)$ 选择排序的各趟结果如图 4-1 所示。

下标	0	1	2	3	4
第 1 趟	7	23	9	34	12
第 2 趟	7	9	23	34	12
第 3 趟	7	9	12	34	23
第 4 趟	7	9	12	23	34

图 4-1　选择排序的各趟结果

具体代码如下。

```
n=int(input())
a=list(map(int,input().split()))
for i in range(0,n-1):          #n 个数排序共进行 n-1 趟
    k=i                         #每趟假设无序序列中的第一个数最小,下标记录在 k 中
    for j in range(i+1,n):      #扫描列表,若后面的数小于假设的最小数,则记录其下标到 k 中
        if a[k]>a[j]: k=j
    if k!=i:                    #若当前最小数不在当前的最前面,则进行交换
        a[i],a[k]=a[k],a[i]     #交换当前最前面的数和当前最小数的位置
print(*a)                       #输出列表元素,每两个数据之间间隔一个空格
```

运行结果如下。

```
5↵
12 23 9 34 7↵
7 9 12 23 34
```

若要对序列采用选择排序法进行降序排序,则只需把上述代码中的 if 后的条件"a[k]>a[j]"改为"a[k]<a[j]"。

选择排序也可以直接比较当前最前面的数与其后面的数,一旦发现位置逆序就立即进

行交换。具体代码如下。

```
n=int(input())
a=list(map(int,input().split()))
for i in range(0,n-1):              #n个数排序共进行 n-1 趟
    for j in range(i+1,n):         #扫描列表,若后面的数小于当前最前面的数,则交换
        if a[i]>a[j]:
            a[i],a[j]=a[j],a[i]    #交换当前最前面的数和当前最小数的位置
print(* a)                         #输出列表元素,每两个数据之间间隔一个空格
```

当然,这种写法的执行效率比前一种写法低,因为每趟都可能要进行多次交换,比前一种写法中每趟排序最多只交换一次更加耗时。

例 4.2.7　冒泡排序

第一行输入数据个数 n($1 < n < 100$),第二行输入 n 个整数构成整数序列,要求对该整数序列进行排序,使其按升序排列。要求采用冒泡排序法完成排序。

解析:

若数据存放在列表 a 中,则 $a.sort()$ 或 $a = sorted(a)$ 都能使列表 a 中的数据升序排序。因本题要求采用冒泡排序法完成排序,故需按冒泡排序的思想完成。

冒泡排序的思想:对 n 个数升序排列,共进行 $n-1$ 趟排序;每一趟依次比较相邻的两个数,若位置逆序则交换,使得小者在前、大者在后,每一趟排序结束时,把当前的最大数放到当前的最后位置。

其中,对于第 i($0 \leqslant i < n-1$)趟排序,从第一个数(下标为 0)开始依次比较相邻的两个数(由于待排序列中共有 $n-i$ 个数,因此共需进行 $n-i-1$ 次比较),若前面的数比后面的大(逆序),则交换这两个数。

对于待排序列(12,23,9,34,7),在第 1 趟冒泡排序过程中,依次进行 4 次比较。

第 1 次:12 与 23 比较,正序,序列不变;

第 2 次:23 与 9 比较,逆序,交换这两个数,序列变为(12,9,23,34,7);

第 3 次:23 与 34 比较,正序,序列不变;

第 4 次:34 与 7 比较,逆序,交换这两个数,序列变为(12,9,23,7,34)。

其余各趟冒泡排序的过程类似,不再赘述。

待排序列(12,23,9,34,7)冒泡排序的各趟结果如图 4-2 所示。

下标	0	1	2	3	4
第 1 趟	12	9	23	7	34
第 2 趟	9	12	7	23	34
第 3 趟	9	7	12	23	34
第 4 趟	7	9	12	23	34

图 4-2　冒泡排序的各趟结果

具体代码如下。

```
n=int(input())
a=list(map(int,input().split()))
for i in range(0,n-1):                    #n个数排序共进行n-1趟
    for j in range(n-1-i):        #在每趟排序中,从头开始扫描,若相邻的两个数逆序,则交换
        if a[j]>a[j+1]:
            a[j],a[j+1]=a[j+1],a[j]
print(* a)                               #输出列表元素,每两个数据之间间隔一个空格
```

运行结果如下。

```
5↵
12 23 9 34 7↵
 7 9 12 23 34
```

若要对序列采用冒泡排序法进行降序排序,则只需把上述代码中的 if 后的条件"a[j]＞a[j+1]"改为"a[j]＜a[j+1]"。

对于待排序列(1，2，3，4，5),采用上面的冒泡排序也需要进行 4 趟。实际上,在第 1 趟排序中,依次比较相邻的两个数时,没有发现逆序的数对,即未进行交换,说明序列已有序,无须再进行之后的排序。因此,冒泡排序可以改进,即若在某一趟排序中未发生交换,则可提前结束排序。可以使用标记变量(设为 flag,初值为 False)的方法,若发生交换则把其值改为 True,在一趟排序后若有 flag==False,则结束排序。具体代码请读者自行完成。

例 4.2.8　筛选法求素数

输入一个整数 $n(1<n<2000)$,要求输出 n 以内的所有素数(质数)。

素数指的是除了 1 和它本身没有其他因子的整数。最小的素数是 2,其余的素数都是奇数。素数序列为:2 3 5 7 11 13 17 19…

解析:

筛选法(又称筛法)是求不超过自然数 $n(n>0)$ 的所有素数的一种方法,据说是古希腊的埃拉托斯特尼(Eratosthenes)发明的。

若一开始把所有数都放在筛中,则筛选法的步骤如下。

(1) 将 1 筛去;

(2) 把 2 的倍数筛去;

(3) 把 3 的倍数筛去;

(4) 依次把没有筛去的数(最大到 $\sqrt{n}$ 为止)的倍数都筛去。

注意,本例所说的倍数都不含自身,如 2 的倍数不包含 2,而是从 4 开始的。

筛去数的实现可采用打标记的方法,以求 20 以内的素数为例说明如下。

开始时把列表元素都设为 True 表示假设各元素的相应下标都是素数,如图 4-3 所示(以 1 表示 True)。

下标	1	2	3	4	5	6	7	8	9	10	11	12	13	14	15	16	17	18	19	20
初值	1	1	1	1	1	1	1	1	1	1	1	1	1	1	1	1	1	1	1	1

图 4-3　筛选法初始状态

把某数筛去则把该数为下标的列表元素的值变为 False,最终标记为 True 的元素的下标为素数。筛选法求解过程如图 4-4 所示(整数值 1、0 分别表示 True、False),最后一行中元素值为 True(以 1 表示)的相应下标 2、3、5、7、11、13、17、19 为素数。

下标	1	2	3	4	5	6	7	8	9	10	11	12	13	14	15	16	17	18	19	20
筛去 1 后	0	1	1	1	1	1	1	1	1	1	1	1	1	1	1	1	1	1	1	1
筛去 2 的倍数后	0	1	1	0	1	0	1	0	1	0	1	0	1	0	1	0	1	0	1	0
筛去 3 的倍数后	0	1	1	0	1	0	1	0	0	0	1	0	1	0	0	0	1	0	1	0

图 4-4　筛选法求解过程

本例的具体代码如下。

```
N=1999
a=[True] * (N+1)              #创建包含 N+1 个 True 的列表
a[1]=False                    #把 1 筛去
k=int(N ** 0.5)              #k 存放根号 N 的整数部分
for i in range(2,k+1):       #以 2~k 的素数为因子去筛其倍数
    if a[i]==False: continue  #若 i 已被筛去,则无须用其去筛其他数
    for j in range(i * i,N+1,i):  #从 i 的平方开始把 i 的倍数 j 筛去
        a[j]=False            #筛去 j

cnt=0                         #计数器 cnt 用于控制每两个数据之间留一个空格,初值为 0
n=int(input())
for i in range(2,n+1):       #输出 2~n 中的素数
    if a[i]==True:
        cnt+=1
        if cnt>1: print(' ',end='')
        print(i,end='')
print()
```

运行结果如下。

```
100↵
2 3 5 7 11 13 17 19 23 29 31 37 41 43 47 53 59 61 67 71 73 79 83 89 97
```

$\sqrt{N}$ 在代码中表示为"N ** 0.5"。

4.3　二维列表

4.3.1　二维列表基础

1. 二维列表的创建及其元素访问

二维列表定义的一般形式如下。

> 列表名=[[一维列表 1], [一维列表 2], …, [一维列表 n]]

例如：

> a=[[1,2,3,4,5],[6,7,8,9,10],[11,12,13,14,15],[16,17,18,19,20]]

此语句创建一个 4 行 5 列的二维列表,第一、二维长度分别为 4、5,其存放示意图如图 4-5 所示。

下标	0	1	2	3	4
0	1	2	3	4	5
1	6	7	8	9	10
2	11	12	13	14	15
3	16	17	18	19	20

图 4-5　二维列表存放示意图

二维列表可以视为特殊的一维列表。例如,上面的二维列表 a 包含 4 个元素: $a[0]$、$a[1]$、$a[2]$、$a[3]$,每个 $a[i]$($i=0\sim3$) 又是一个包含 5 个元素 $a[i][0]$、$a[i][1]$、$a[i][2]$、$a[i][3]$、$a[i][4]$ 的一维列表。

二维列表中的元素类型可以各不相同。例如:

```
#创建 3 行 2 列的二维列表,各行元素类型各不相同
>>>c=[[1,2], ["ZhangSan","Lisi"], [96.5,80.5]]
>>>print(c)
[[1, 2], ['ZhangSan', 'Lisi'], [96.5, 80.5]]
```

语句 $c=[[1,2]$, $["ZhangSan","Lisi"]$, $[96.5,80.5]]$ 创建了一个 3 行 2 列的二维列表 c,且各行元素的类型分别为整型、字符串和实型。

二维列表中的元素一般通过两个下标进行引用,具体形式如下。

> 列表名[行下标][列下标]

"列表名[行下标][列下标]"用在赋值符号"="左边时,表示为该元素赋值,而用在"="右边时,表示取该元素的值。例如:

```
>>>a=[[1,3,5,7,9], [2,4,6,8,10]]    #创建包含 2 行 5 列的二维列表
>>>print(a[0][4], a[1][3])          #取二维列表元素的值
9 8
>>>a[0][4]=15                       #给二维列表元素赋值
>>>t=a[1][3]                        #取二维列表元素的值
```

```
>>>print(a[0][4], t)
15 8
```

二维列表中的各个一维列表长度可以不相同。例如：

```
d=[[1], [2,3], [4,5,6], [7,8,9,10]]
for i in range(len(d)):
    for j in range(len(d[i])):
        print("%3d" %d[i][j], end='')
    print()
```

运行结果如下。

```
1
2  3
4  5  6
7  8  9 10
```

语句 $d=[[1], [2,3], [4,5,6], [7,8,9,10]]$ 创建了一个 4 行的二维列表 d，且各行元素的个数分别是 1、2、3、4。$len(d)$ 返回二维列表 d 的行数，$len(d[i])$ 返回下标为 i 的行中包含的元素个数(列数)。print 中的格式控制%3d 表示输出的元素占 3 个字符宽。

二维列表的创建通过赋值语句实现，若创建时尚不确定二维列表中的具体数据，可以给定某个特殊值(如 0)，并用运算符"*"进行复制。例如：

```
>>>b=[[0] * 5] * 4              #创建包含 4 行 5 列共 20 个 0 的二维列表
>>>print(b)
[[0, 0, 0, 0, 0], [0, 0, 0, 0, 0], [0, 0, 0, 0, 0], [0, 0, 0, 0, 0]]
```

语句 $b=[[0]*5]*4$ 创建了一个 4 行 5 列的二维列表 b，且每个元素都为 0。

需要注意的是，二维列表若使用"*"复制一维列表得到，则各行的一维列表都是相同的对象。可以使用身份运算符 is 检测二维列表的各个一维列表或各个元素是否相同对象。例如：

```
>>>f=[[0] * 2] * 2             #创建由运算符 * 复制的全 0 的二维列表
>>>f
[[0, 0], [0, 0]]
>>>f[0] is f[1]               #f[0]与 f[1]是相同的对象
True
>>>f[0][0] is f[1][0]         #f[0][0]与其他 3 个元素都是相同的对象
True
>>>f[0][0] is f[0][1]
```

```
True
>>>f[0][0] is f[1][1]
True
>>>f=[[1,2,3]] * 2                #创建由一维列表 * 复制而成的二维列表
>>>f
[[1, 2, 3], [1, 2, 3]]
>>>f[0] is f[1]                   #f[0]与 f[1]是相同的对象
True
>>>f=[[1,2,3],[1,2,3]]            #创建由两个一维列表构成的二维列表
>>>f[0] is f[1]                   #f[0]与 f[1]不是相同的对象
False
>>>f=[[0, 0], [0, 0]]            #创建包含两个[0,0]列表的全 0 二维列表
>>>f[0] is f[1]                   #f[0]与 f[1]是不同的对象
False
>>>f[0][0] is f[0][1]
True
```

若修改使用"*"复制一维列表所得二维列表中的各个元素，则使用不同标识的同一对象只能保存最后更新的数据。例如：

```
>>>f=[[0] * 3] * 3
>>>f
[[0, 0, 0], [0, 0, 0], [0, 0, 0]]
>>>f[0][0]=1; f[0][1]=2; f[0][2]=3     #更新第一行(下标为 0)的各个元素
>>>f[1]                                #f[1]与 f[0]是相同的对象
[1, 2, 3]
>>>f[1] is f[0]
True
>>>f[1][0]=2; f[1][1]=4; f[1][2]=6
>>>f[2]                                #f[2]与 f[1]是相同的对象
[2, 4, 6]
>>>f[0]                                #f[0]与 f[1]是相同的对象
[2, 4, 6]
>>>f[2][0]=3; f[2][1]=6; f[2][2]=9
>>>f
[[3, 6, 9], [3, 6, 9], [3, 6, 9]]
>>>f[0] is f[2]                        #f[0]与 f[2]是相同的对象
True
>>>f[1] is f[2]                        #f[1]与 f[2]是相同的对象
True
>>>f[0][0] is f[2][0]                  #f[0][0]与 f[2][0]是相同的对象
True
```

```
>>>f[1][0] is f[2][0]                #f[1][0]与 f[2][0]是相同的对象
True
>>>f[1][2] is f[2][2]                #f[1][2]与 f[2][2]是相同的对象
True
```

因此,若需要更新二维列表中各元素的值,则应避免使用"＊"复制一维列表来构建二维列表。使用列表的成员函数 append 可以往二维列表中添加一维列表,例如:

```
>>>e=[[0] * 3] * 4                   #创建 4 行 3 列的全 0 列表
>>>print(e)
[[0, 0, 0], [0, 0, 0], [0, 0, 0], [0, 0, 0]]
>>>e.append([0] * 3)                 #在二维列表的最后添加一个全 0 一维列表
>>>print(e)
[[0, 0, 0], [0, 0, 0], [0, 0, 0], [0, 0, 0], [0, 0, 0]]
>>>print(e[4] is e[0], e[4] is e[1], e[4] is e[2], e[4] is e[3])
(False, False, False, False)
```

语句 e.append([0]＊3)在二维列表 e 的最后添加了一个包含 3 个 0 的一维列表,但这个添加的一维列表与其余各行相应的一维列表(包含 3 个 0)都不是相同的对象。

2. 二维列表的使用

思考:如何在输入两个整数 m、n 之后,给 m 行 n 列的二维列表的每个元素赋值? 例如 $m=3,n=4$ 时,构造得到如下二维列表:

```
1 2 3 4
2 4 6 8
3 6 9 12
```

很自然的一种想法是先定义 m 行 n 列的二维列表,再给其各元素赋值。具体代码如下。

```
m,n=map(int,input().split())
a=[[0] * n] * m                      #矩阵 a 初始为 m 行 n 列的全 0 列表
for i in range(m):
    for j in range(n):
        a[i][j]=(i+1) * (j+1)        #把 a[i][j]赋值为(i+1) * (j+1)
for i in range(m):                   #输出二维列表 a
    print( * a[i])                   #输出一维列表元素,每两个数据之间间隔一个空格
```

运行结果如下。

```
3 4 ↵
3 6 9 12
3 6 9 12
3 6 9 12
```

可见,此运行结果并非期望得到的结果。这是使用二维列表时应特别注意的一个问题。那么,结果为什么是这样的呢?原因如前所述,创建二维列表的语句 $a=[[0]*n]*m$ 使得二维列表 a 的每一行都成为相同的一维列表对象。因此,若需要改变二维列表中元素的值,应避免使用这种方法创建二维列表。替代的方法如下。

方法 1:

用列表产生式创建二维列表,代码如下。

```python
a=[[0]*n for i in range(m)]        #创建 m 行 n 列的全 0 二维列表,每行是不同的对象
```

运用方法 1,本例具体代码如下。

```python
m,n=map(int,input().split())
a=[[0]*n for i in range(m)]        #创建 m 行 n 列的全 0 二维列表
for i in range(m):
    for j in range(n):
        a[i][j]=(i+1)*(j+1)
for i in range(m):                 #输出二维列表 a
    print(*a[i])                   #输出一维列表元素,每两个数据之间间隔一个空格
```

运行结果如下。

```
3 4 ↵
1 2 3 4
2 4 6 8
3 6 9 12
```

方法 2:

(1) 初始化二维列表 a 为空列表。

(2) 在一个执行 m 次的循环中,每次往二维列表 a 中添加包含 n 个 0 的一维列表。

运用方法 2,本例具体代码如下。

```python
m,n=map(int,input().split())
a=[]                               #二维列表 a 初始为空列表
for i in range(m):
    t=[0]*n                        #创建包含 n 个 0 的一维列表 t
    a.append(t)                    #把一维列表 t 添加为二维列表 a 的最后一行
for i in range(m):
    for j in range(n):
        a[i][j]=(i+1)*(j+1)
for i in range(m):                 #输出二维列表 a
    print(*a[i])                   #输出一维列表元素,每两个数据之间间隔一个空格
```

运行结果与方法 1 相同。

例 4.3.1　二维列表的输入输出

输入两个整数 m、$n(2 \leqslant m、n \leqslant 100)$，再输入、输出 m 行 n 列的二维整型列表。输出时，每行的每两个数据之间留一个空格。

解析：

本例需创建一个 m 行 n 列的二维列表，可采用以下不同的方式。

方式 1：

```
b=[0]*n                    #创建包含 n 个 0 的一维列表 b
a=[b]*m                    #创建包含 m 个一维列表 b 的二维列表 a
```

方式 2：

```
a=[[0]*n]*m                #创建包含 m 行 n 列的二维列表 a(所有元素都为 0)
```

方式 3：

```
a=[[0]*n for i in range(m)]    #创建 m 行 n 列的全 0 二维列表
```

方式 4：

```
a=[]                       #创建空列表 a
for i in range(m):         #往列表 a 中添加 m 个由 n 个 0 构成的列表
    a.append([0]*n)        #把一维列表添加到二维列表 a 的最后
```

一般情况下，特别是后续代码将逐个改变二维列表中各个元素的值时，建议使用方式 3 或方式 4。理由详见前述。当然，若创建二维列表之后要给二维列表中的各个一维列表整体赋值，则这 4 种方式都是可行的。

二维列表的基本操作一般采用二重循环实现，如前述代码中的逐个元素赋值等。实际上，二维列表的输入、输出可以与内置函数 input、print 结合仅使用一重循环实现。具体代码如下。

```
m,n=map(int,input().split())           #输入二维列表的行数、列数
a=[[0]*n]*m                            #定义包含 m 行 n 列的二维列表 a(所有元素都为 0)
for i in range(m):                     #控制 m 行
    a[i]=list(map(int,input().split()))    #输入若干数构成一维整数列表 a[i]
for i in range(m):                     #输出 m 行数据
    print(*a[i])                       #输出一维列表元素,每两个数据之间间隔一个空格
```

运行结果如下。

```
3 3↵
1 2 3↵
4 5 6↵
```

```
7 8 9 ↵
1 2 3
4 5 6
7 8 9
```

实际上，将上述代码中的"a＝[[0]＊n]＊m"改为"a＝[0]＊m"也是可以的，因为对于一维列表"a＝[0]＊m"，其元素 a[i] 可以先后作为不同类型对象的引用。

4.3.2 二维列表的运用

例 4.3.2 方阵转置

第一行先输入一个整数 $n(2\leqslant n\leqslant 100)$，接下来的 n 行每行输入 n 个整数构成一个 n 阶方阵，请将之转置并输出这个转置后的方阵。要求每行的每两个数据之间留一个空格。

解析：

简言之，方阵转置是把方阵的行、列进行互换。设方阵以二维列表 a 表示，则以主对角线（相应元素的行、列下标相等）为界，逐行交换主对角线两边对称的元素 $a[i][j]$ 和 $a[j][i]$。具体代码如下。

```
n=int(input())
a=[[0]*n]*n                          #创建包含 n*n 个 0 的二维列表
for i in range(n):                   #逐行输入
    a[i]=list(map(int,input().split()))
for i in range(n):                   #转置，以主对角线为界，交换 a[i][j] 与 a[j][i]
    for j in range(i):
        a[i][j],a[j][i]=a[j][i],a[i][j]
for i in range(n):                   #输出
    print(*a[i])
```

运行结果如下。

```
5 ↵
15 51 96 80 45 ↵
51 57 77 45 47 ↵
72 45 58 83 21 ↵
20 28 42 72 42 ↵
91 61 37 73 66 ↵
15 51 72 20 91
51 57 45 28 61
96 77 58 42 37
80 45 83 72 73
45 47 21 42 66
```

例 4.3.3 杨辉三角

输入整数 $n(1\leqslant n\leqslant 10)$，构造并输出杨辉三角形（每个数据占 5 个字符宽）。例如，$n=5$

时,杨辉三角形如下。

```
1
1 1
1 2 1
1 3 3 1
1 4 6 4 1
```

解析：

观察杨辉三角发现如下规律：每一行的第一个元素和最后一个元素都是1，从第三行开始，其他元素等于其前一行同一列元素及前一行前一列元素之和。因此，可用列表产生式创建一个全为1的二维列表的基础上，从第三行开始计算每行除第一个和最后一个元素之外的其他元素，若设二维列表为 a，则 $a[i][j]=a[i-1][j]+a[i-1][j-1]$（$2 \leqslant i < n$，$1 \leqslant j < i$）。具体代码如下。

```python
n=int(input())
a=[[1] * i for i in range(1,n+1)]     #使用列表产生式创建全为 1 的二维列表
for i in range(2,n):                  #从第 3 行第 2 列开始计算
    for j in range(1,i):              #当前元素为前一行的同列及前列的两个元素之和
        a[i][j]=a[i-1][j]+a[i-1][j-1]
for i in range(n):                    #输出
    for j in range(i+1):
        print("%5d" %a[i][j],end='')  #每个元素占 5 个字符宽
    print()
```

运行结果如下。

```
8↵
    1
    1    1
    1    2    1
    1    3    3    1
    1    4    6    4    1
    1    5   10   10    5    1
    1    6   15   20   15    6    1
    1    7   21   35   35   21    7    1
```

例 4.3.4　求两个矩阵之积

输入整数 m、p、n（$1 < m$，p，$n < 10$），再输入两个矩阵 $A_{m \times p}$、$B_{p \times n}$，计算 $C = AB$。

例如：$m=4$、$p=3$、$n=2$，

$$A = \begin{pmatrix} 5 & 2 & 4 \\ 3 & 8 & 2 \\ 6 & 0 & 4 \\ 0 & 1 & 6 \end{pmatrix}, \quad B = \begin{pmatrix} 2 & 4 \\ 1 & 3 \\ 3 & 2 \end{pmatrix}, \quad 则 C = AB = \begin{pmatrix} 24 & 34 \\ 20 & 40 \\ 24 & 32 \\ 19 & 15 \end{pmatrix}$$

解析：

矩阵乘法只有在第一个矩阵的列数等于第二个矩阵的行数时才有意义。根据矩阵（下标从 1 开始）乘法规则：$c_{ij} = \sum_{k=1}^{p} a_{ik} \cdot b_{kj}$，其中 c_{ij} 表示 C 矩阵中的第 i 行第 j 列元素，a_{ik}、b_{kj} 分别表示 A 矩阵中的第 i 行第 k 列元素、B 矩阵中的第 k 行第 j 列元素，使用三重循环即可完成两个矩阵的乘法。若矩阵以二维列表（下标从 0 开始）表示，则具体代码如下。

```python
m,p,n=map(int, input().split())      #输入 m,p,n
a=[]                                 #二维列表 a 初始为空列表
for i in range(m):                   #输入数据转换为整型一维列表添加到列表 a 的最后
    t=list(map(int,input().split()))
    a.append(t)
b=[]                                 #二维列表 b 初始为空列表
for i in range(p):                   #输入数据转换为整型一维列表添加到列表 b 的最后
    t=list(map(int,input().split()))
    b.append(t)
c=[[0]*n for i in range(m)]          #用列表产生式创建全为 0 的二维列表 c
for i in range(m):                   #计算二维列表 c
    for j in range(n):
        for k in range(p):
            c[i][j]+=a[i][k]*b[k][j]
for i in range(m):                   #输出二维列表 c
    print(*c[i])
```

运行结果如下。

```
2 2 3 ↵
1 2 ↵
3 4 ↵
5 6 7 ↵
7 8 9 ↵
19 22 25
43 50 57
```

例 4.3.5 蛇形矩阵

输入整数 $n (2 \leqslant n \leqslant 100)$，构造并输出蛇形矩阵。蛇形矩阵是由 1 开始的自然数依次排列成的一个上三角矩阵。例如，$n=5$ 时，蛇形矩阵如下。

```
1 3 6 10 15
2 5 9 14
4 8 13
7 12
11
```

解析：

通过观察可发现蛇形矩阵的一个规律是每行从第一列（列下标为 0）的元素开始，其右上角的元素值依次递增 1，到第一行（行下标为 0）为止。据此规律，可先用列表产生式生成一个上三角形式（从第一行至最后一行的元素个数分别为 $n, n-1, \cdots, 1$）的二维列表，再用二重循环逐个填写元素：外循环控制起始行下标 i 从 0 至 n，内循环控制列下标 k 从 0 至 i 逐个往右上斜线填数（一开始为 1，每填一次其值增 1）。为了能往右上斜线走，用 j（初值为 i）作为行下标，当 k 增 1 时使 j 减 1。具体代码如下。

```
n=int(input())
a=[[0] * (n-i) for i in range(n)]    #用列表产生式创建全为 0 的二维列表 a
val=1                                #第一个值为 1
for i in range(n):                   #控制 n 行
    j=i                              #从下标为 i 的行开始
    for k in range(0,i+1):           #从下标为 0 的列到下标为 i 的列逐个往右上斜线填数
        a[j][k]=val
        j-=1                         #每右移一列则行下标减 1
        val+=1                       #值依次递增 1
for i in range(n):                   #输出
    print( * a[i])
```

运行结果如下。

```
10↵
1 3 6 10 15 21 28 36 45 55
2 5 9 14 20 27 35 44 54
4 8 13 19 26 34 43 53
7 12 18 25 33 42 52
11 17 24 32 41 51
16 23 31 40 50
22 30 39 49
29 38 48
37 47
46
```

观察此矩阵，还能找到其他规律吗？答案是肯定的。发现其他规律并编程实现的工作留给读者自行完成。

4.4 字　　典

4.4.1 字典基础知识

Python 语言中的字典由若干"键-值"（key-value）对构成，键（key）即关键字，值（value）是关键字对应的值。创建字典的语法格式如下。

```
字典名={键1:值1, 键2:值2, ⋯ , 键n:值n}
```

字典或为空字典（"键-值"对的个数为 0），或包含若干"键-值"对。字典的界定符是大括号"{}"，每个"键-值"对的键与值之间以冒号":"间隔，多个"键-值"对则以逗号","间隔。例如：

```
d={}                                                    #创建空字典
print(len(d))                                           #用内置函数 len 求字典长度
d={"English":80, "Math":75, "Programming":90}           #创建包含 3 个"键-值"对的字典
print(d["English"], d["Math"], d["Programming"])        #以键为"下标", 取键对应的值
```

运行结果如下。

```
0
80 75 90
```

字典的类型为<class 'dict'>，语句 $d=\{\}$ 创建了一个空字典，该语句与 $d=$ dict() 等效，即也可用内置函数 dict 创建空字典；而语句 $d=\{$"English":80，"Math":75，"Programming":90$\}$ 创建了一个字典，其中包含 3 个"键-值"对，键"English"、"Math"、"Programming"分别对应的值为 80、75、90。通过把键作为"下标"（放在中括号中）来引用该键对应的值。例如，$d[$"English"$]$、$d[$"Math"$]$、$d[$"Programming"$]$ 分别取得键"English"、"Math"、"Programming"对应的值 80、75、90。

字典中的各个键应该是各不相同的（值则无此限制），若出现相同的键，则以后面出现的"键-值"对中的值为准（相当于前面相同键的"键-值"对被覆盖）。例如：

```
d={"English":80, "Math":75, "Programming":90, "English":60}
print(d["English"], d["Math"], d["Programming"])
```

运行结果如下。

```
60 75 90
```

此例中，以"English"为键的"键-值"对出现两次，则该键对应的值为后一个"键-值"对中的值 60。

在字典的"键-值"对中，各个键的类型可以不一样，但各个键都应为不可变对象（因需根据键确定哈希地址），如字符串、数值及元组等，而"值"可为可变对象（列表、集合及字典等）或不可变对象。例如：

```
d={"1001":[1,3,5], (2,3):"Hello", 45.6:7788, 123:{1,2,3}, 10:{"Yes":1,"No":0}}
print(d["1001"], d[(2,3)], d[45.6], d[123], d[10])
```

运行结果如下。

```
[1, 3, 5] Hello 7788 {1, 2, 3} {'Yes': 1, 'No': 0}
```

在此例中,第 1 个"键-值"对"1001":[1,3,5]的键是字符串,值是列表;第 2 个"键-值"对(2,3):"Hello,Python"的键是元组,值是字符串;第 3 个"键-值"对 45.6:7788 的键是实数,值是整数;第 4 个"键-值"对 123:{1,2,3}的键是整数,值是集合;第 5 个"键-值"对 10:{"Yes":1,"No":0}的键是整数,值是字典。

若以字典中不存在的键访问字典,则将出错。例如:

```
d={"Name":"ZhangSan", "Age":18, "Sex":"male"}
print(d["Name"], d["age"])
```

运行结果如下。

```
Traceback (most recent call last):
  File "<pyshell#1>", line 1, in <module>
    print(d["Name"], d["age"])
KeyError: 'age'
```

此处引用键"age"的值,但由于键"age"不存在(存在的是"Age",而 Python 语言区分大小写),因此产生如上键错误信息。

实际上,取字典中某个键对应的值,也可使用字典的成员函数 get,该函数在键存在时返回该键对应的值,否则返回一个预设的值。例如:

```
d={"Name":"ZhangSan", "Age":18, "Sex":"male"}
print(d.get("Name"))              #键"Name"存在,则返回其对应的值"ZhangSan"
print(d.get("age",0))             #键"age"不存在,则返回预设的值 0
```

运行结果如下。

```
ZhangSan
0
```

表 4-2 列出字典的部分常用成员函数,其中示例对应的字典创建如下。

```
d={"En":80, "Ma":75, "Pr":90}
```

表 4-2　字典部分常用成员函数

成员函数(方法)	功　　能	示　　　　例

get(key, default=None)	取得键 key 对应的值,若 key 不存在,则返回设置的默认值 default	```>>>d.get("Ma")```
		```75```
		```>>>print(d.get("ma"))```
		```None```

116

成员函数（方法）	功　能	示　例

setdefault(key, default= None)	插入"键-值"对 key:default; 若 key 原来已存在,则不插入 且返回键 key 对应的值,否则 返回 default	```>>>d.setdefault("Py",85)```
		 85
		 ```>>>d```
		 ```{'En': 80, 'Ma': 75, 'Pr': 90, 'Py': 85}```
		 ```>>>d.setdefault("Py",95)```
		 85
		 ```>>>d```
		 ```{'En': 80, 'Ma': 75, 'Pr': 90, 'Py': 85}```

pop(key [,val])	删除键 key 对应的元素且返 回 key 相应的值,若 key 不存 在,且提供了 val 参数,则返回 val,否则出现 KeyError 错误	```>>>d.pop("Ma")```
		 75
		 ```>>>d.pop("Ma",0)```
		 0

popitem	删除最后一个"键-值"对,且 返回该"键-值"对相应的元 组,若字典为空则出现 KeyError 错误	```>>>d.popitem()```
		 ```('Pr', 90)```
		 ```>>>d```
		 ```{'En': 80, 'Ma': 75}```

items	返回所有的"键-值"对相应的 元组构成的可迭代对象	```>>>d.items()```
		 ```dict_items([('En', 80), ('Ma', 75),```
		 ```('Pr', 90)])```

values	返回所有的"值"构成的可迭 代对象	```>>>d.values()``` ```dict_values([80, 75, 90])```
keys	返回所有的"键"构成的可迭 代对象	```>>>d.keys()``` ```dict_keys(['En', 'Ma', 'Pr'])```

clear	清空字典	```>>>d.clear()```
		 ```>>>d```
		 ```{}```

若需修改某个键相应的值,则可用键为"下标"的方式使用赋值语句修改。通过赋值语句修改某个键对应的值时,若该键不存在,则将在字典中插入该键对应的"键-值"对。例如:

```
d={"English":80, "Math":75, "Programming":90}
d["Math"]=95                    #修改键"Math"对应的值为 95
print(d)
```

运行结果如下。

```
{'English': 80, 'Math': 95, 'Programming': 90}
```

```
d={"English":80, "Math":75, "Programming":90}
d["math"]=70                    #因键"math"不存在,故插入"键-值"对"math":70
print(d)
```

运行结果如下。

```
{'English': 80, 'Math': 95, 'Programming': 90, 'math': 70}
```

可以通过 in 运算符判断某个键是否在字典中。例如:

```
d={"English":80, "Math":75, "Programming":90}
print("math" in d, "English" in d)
```

运行结果如下。

```
False True
```

可以通过 for 循环遍历字典,其中循环变量每循环一次取得一个键。例如:

```
d={"English":80, "Math":75, "Programming":90}
for it in d:                      #循环变量 it 取的是字典中的各个键
    print(it, d[it])              #输出键 it 及其值 d[it]
```

运行结果如下。

```
English 80
Math 75
Programming 90
```

也可从字典的 items 方法的返回值取得键和值。例如:

```
d={"English":80, "Math":75, "Programming":90}
for key, val in d.items():        #循环变量 key、val 分别取的是字典中的各个键和值
    print(key, val)               #输出键 key 及其值 val
```

运行结果如下。

```
English 80
Math 75
Programming 90
```

可以创建字典列表,即列表中的每个元素都是一个字典。例如:

```
d=[{"Name":"Iris","Age":18},{"Name":"Jack","Age":20},{"Name":"John","Age":
19}]
for i in range(len(d)):
    for it in d[i]:
        print(it,d[i][it])
```

运行结果如下。

```
Name Iris
Age 18
Name Jack
Age 20
Name John
Age 19
```

4.4.2 字典的运用

例 4.4.1 确定最终排名

某次程序设计竞赛时,最终排名采用的排名规则如下。

根据成功做出的题数(解题数,设为 solved)从大到小排序,若 solved 相同则按输入顺序确定排名先后顺序(结合输出样例)。

第一行先输入一个正整数 $n(1 \leqslant n \leqslant 100)$,表示参赛队伍总数。然后输入 n 行,每行包括 1 个字符串 s(不含空格且长度不超过 50)和 1 个正整数 $d(0 \leqslant d \leqslant 15)$,分别表示队名和该队的解题数量。要求确定并输出最终排名信息,每行一个队伍的信息:排名、队名、解题数量。

输入样例:	输出样例:
8	1 Team3 5
Team22 2	2 Team26 4
Team16 3	3 Team2 4
Team11 2	4 Team16 3
Team20 3	5 Team20 3
Team3 5	6 Team22 2
Team26 4	7 Team11 2
Team7 1	8 Team7 1
Team2 4	

解析:

本题可用字典 d 保存数据(每个队伍的队名为键、解题数为值),并用内置函数 sorted 排序。先以输入的队名 name 为键、解题数 solved 为相应的值构建键值对 name:solved 存入 d 中;再调用 sorted 函数对 d.items() 进行排序,指定参数 key 为 lambda 匿名函数 "lambda x:$-$x[1]"实现"按解题数降序排序"的要求。因本题的排名即排好序之后的序号,故可直接输出序号。具体代码如下。

```
n=int(input())
d={}                                    #d 设置为空字典
for i in range(n):                      #以输入的 name 为键,solved 为值构建键值对
    name,solved=input().split()
    d[name]=int(solved)
res=sorted(d.items(), key=lambda x: -x[1])   #按键值对中的值降序对 d.items()排序
cnt=0
```

```
for k, v in res:                                    #输出数据
    cnt+=1
    print(cnt, k, v)
```

运行结果如下。

```
6↵
Team22 2 ↵
Team16 3 ↵
Team20 3 ↵
Team3 5 ↵
Team26 4 ↵
Team2 4 ↵
1 Team3 5
2 Team26 4
3 Team2 4
4 Team16 3
5 Team20 3
6 Team22 2
```

因内置函数 sorted 可视为稳定(解题数相同的两个元素在排序前后的相对位置不会发生改变)的排序方法,故上述代码无须处理"在解题数相同时按输入顺序确定名次"。

例 4.4.2 解题排行

解题排行榜中,按解题总数生成排行榜。假设每个学生信息仅包括学号(不超过 8 位的且不含空格的字符串)、解题总数(整数);要求第一行先输入一个整数 n($1 \leqslant n \leqslant 100$),接下来 n 行,每行输入一个学生的信息;要求按解题总数降序排列,若解题总数相同则按学号升序排列。输出最终排名信息时,每行一个学生的信息:排名、学号、解题总数。每行的每两个数据之间留一个空格。注意,解题总数相同的学生其排名也相同。

输入样例:	输出样例:
4	1 0100 225
0010 200	2 0001 200
1000 110	2 0010 200
0001 200	4 1000 110
0100 225	

解析:

本题可用字典 d 保存数据(每个学生的学号作为键、解题总数作为值),并调用内置函数 sorted 排序。先以输入的学号 no 为键、解题总数 total 为相应的值构建键值对 no:total 存入 d 中;再调用 sorted 函数对 d.items() 排序,指定参数 key 为匿名函数"lambda x: $(-x[1], x[0])$",实现"按解题总数降序排列,若解题总数相同则按学号升序排列"的要求。排名处理方面,设排名变量 r 初值为 1,可在排好序之后先输出第一个人的排名及其学号和解题总数,再从第二个人开始与前一个人的解题总数相比,若不等则 r 改为序号(即其下标

加 1)，否则 r 保持不变。具体代码如下。

```
n=int(input())
d={}                            #d初始化为空字典
for j in range(n):              #根据输入数据构建键值对 no:total
    no,total=input().split()
    d[no]=int(total)
#对 d.items()按值 total 降序,若值 total 相等则按键 no 升序排序
a=sorted(d.items(),key=lambda x:(-x[1],x[0]))
r=1                             #r是排名变量,初值为1
for j in range(n):
    if j>0 and a[j][1]!=a[j-1][1]:  #比较前后两个元素解题总数,若不等,则置 r 为序号
        r=j+1
    print(r,a[j][0],a[j][1])    #输出排名、学号、解题总数
```

运行结果如下。

```
4 ↵
0010 200 ↵
1000 110 ↵
0001 200 ↵
0100 225 ↵
1 0100 225
2 0001 200
2 0010 200
4 1000 110
```

对于输入样例，上述代码得到的字典 d 如下。

```
{'0010': 200, '1000': 110, '0001': 200, '0100': 225}
```

对应的 d.items() 如下。

```
dict_items([('0010', 200), ('1000', 110), ('0001', 200), ('0100', 225)])
```

其每个元素包含键（下标为 0，如'0010')和值（下标为 1，如 200）两部分；调用 sorted 时，指定 key 参数为匿名函数"lambda x:($-$x[1]，x[0])"，表示先按值降序排序，在值相同时再按键升序排序。

sorted 排序后返回一个列表赋值给 a，其每个元素为一个元组，即 a 如下。

```
[('0100', 225), ('0001', 200), ('0010', 200), ('1000', 110)]
```

4.5　在线题目求解

例 4.5.1　统计不同数字字符的个数

输入若干字符串,每个字符串中只包含数字字符,统计字符串中不同字符的出现次数。

输入格式:

测试数据有多组,处理到文件尾。对于每组测试,输入一个字符串(不超过 80 个字符)。

输出格式:

对于每组测试,按字符串中出现字符的 ASCII 码升序逐个输出不同的字符及其个数(两者之间留一个空格),每组输出之后空一行,输出格式参照输出样例。

输入样例:	输出样例:
12123	1 2
	2 2
	3 1

解析:

统计'0'~'9'各个数字字符的个数,需要 10 个计数器,显然使用一个包含 10 个元素的整型计数器列表是很自然的想法。然后把数字字符通过内置函数 int 转换为整数作为下标。输出时要求按 ASCII 码升序输出,可以用数字 0~9 作为循环变量及下标。具体代码如下。

```
try:
    while True:
        s=input()
        a=[0]*10                  #建立包含 10 个 0 的列表,每个元素作为一个计数器
        for it in s:              #用迭代器 it 遍历列表 s
            a[int(it)]+=1         #'1'-->1,数字字符转换为数字,使用 int 函数
        for i in range(10):       #输出结果,跳过出现次数为 0 的字符
            if a[i]==0: continue;
            print(i,a[i])
        print()
except EOFError:pass
```

运行结果如下。

```
1234258632231112↵
1 3
2 5
3 3
4 1
5 1
6 1
8 1
```

例 4.5.2 判断双对称方阵

对于一个 n 阶方阵，判断该方阵是否双对称，即既左右对称又上下对称。若是则输出 yes，否则输出 no。例如，样例中，以第 2 列为界则左右对称，以第 2 行为界则上下对称，因此输出 yes。

输入格式：

首先输入一个正整数 T，表示测试数据的组数，然后输入 T 组测试数据。每组数据的第一行输入方阵的阶 $n(2\leqslant n\leqslant 50)$，接下来输入 n 行，每行 n 个整数，表示方阵中的元素。

输出格式：

对于每组测试数据，若该方阵双对称，则输出 yes，否则输出 no。

输入样例：	输出样例：
1	yes
3	
1 2 1	
3 5 3	
1 2 1	

解析：

本题直接根据题意，对于给定的方阵，先判断是否左右对称（以中间列为界），若是则再判断是否上下对称（以中间行为界）。可以使用标记变量的方法，其初值设为 True，一旦发现不对称的情况则把其值改为 False 并结束判断过程，最后根据标记变量的值输出结果。具体代码如下。

```python
T=int(input())
for t in range(T):
    n=int(input())
    a=[]
    for i in range(n):
        t=list(map(int,input().split()))
        a.append(t)
    flag=True                    #标记变量设为 True
    for j in range(n//2):        #以中间列为界,判断是否左右对称
        for i in range(n):
            if a[i][j]!=a[i][n-1-j]:
                flag=False
                break
        if flag==False:
            break
    if not flag:
        print("no")
        continue
    for i in range(n//2):        #以中间行为界,判断是否上下对称
```

```
        for j in range(n):
            if a[i][j]!=a[n-1-i][j]:
                flag=False
                break
        if flag==False:
            break
    if flag==True:
        print("yes")
    else:
        print("no")
```

运行结果如下。

```
2↵
3↵
1 2 1↵
3 5 3↵
1 2 1↵
yes
4↵
2 1 1 2↵
1 2 3 4↵
1 2 3 4↵
2 1 1 2↵
no
```

例 4.5.3　二分查找

对于输入的 n 个整数,先进行升序排序,然后进行二分查找。

输入格式:

测试数据有多组,处理到文件尾。每组测试数据的第 1 行是一个整数 $n(1\leqslant n\leqslant 100)$,第 2 行有 n 个各不相同的整数待排序,第 3 行是查询次数 $m(1\leqslant m\leqslant 100)$,第 4 行有 m 个整数待查找。

输出格式:

对于每组测试,分 2 行输出:第 1 行是升序排序后的结果,每两个数据之间留一个空格;第 2 行是查找的结果,若找到则输出排序后元素的位置(从 1 开始),否则输出 0,同样要求每两个数据之间留一个空格。

输入样例:
9
4 7 2 1 8 5 9 3 6
5
10 9 8 7 -1

输出样例:
1 2 3 4 5 6 7 8 9
0 9 8 7 0

解析:

输入的 n 个整数存放在列表中,二分查找的前提是待查找的数据序列有序,因此需要

先对 n 个整数进行升序排序。用变量 low、high 分别指向列表中的首、尾元素(实际上 low、high 是首、尾元素的下标),则查找区间可以用闭区间[low,high]表示。

二分查找的基本思想如下:

把待查数据 x 与查找区间的中间元素(下标 mid=(low+high)//2)相比较,若相等则查找成功,否则若 x 小于中间元素则在左半区间(low 不变,high=mid−1)按相同的方法继续查找,否则就在右半区间(high 不变,low=mid+1)按相同的方法继续查找。

本题先直接调用列表成员函数 sort 排序,再进行二分查找。具体代码如下。

```python
try:
    while True:
        n=int(input())
        s=list(map(int,input().split()))      #输入数据创建整型列表
        s.sort()                              #列表排序
        m=int(input())
        t=list(map(int,input().split()))
        print( * s)                           #输出排序结果
        for k in range(m):                    #进行 m 次二分查找
            if k>0:print(' ',end='')
            x=t[k]                            #x 暂存待查找的数据
            low=0                             # low 指向查找区间的第一个数
            high=n-1                          #high 指向查找区间的最后一个数
            while low<=high:
                mid=(low+high)//2             #注意用整除//
                if s[mid]==x:                 #待查数据 x 等于中间数,查找成功
                    print(mid+1,end='')
                    break
                elif x<s[mid]:                #若待查找数据 x 小于中间数,则在左半区间查找
                    high=mid-1
                else:                         #若待查找数据 x 大于中间数,则在右半区间查找
                    low=mid+1
            else:
                print(0,end='')
        print()
except EOFError:pass
```

运行结果如下。

```
9↵
14 17 12 11 18 15 19 13 16↵
5↵
10 19 18 17 -1↵
11 12 13 14 15 16 17 18 19
0 9 8 7 0
```

例 4.5.4　马鞍点测试

如果矩阵 A 中存在这样的一个元素 $A[i][j]$ 满足下列条件：$A[i][j]$ 是第 i 行中值最小的元素，且又是第 j 列中值最大的元素，则称为该矩阵的一个马鞍点。请编写程序求出矩阵 A 的马鞍点。

输入格式：

首先输入一个正整数 T，表示测试数据的组数，然后输入 T 组测试数据。

对于每组测试数据，首先输入 2 个正整数 m、$n(1 \leqslant m, n \leqslant 100)$，分别表示二维列表的行数和列数。

然后输入二维列表的信息，每行数据之间用一个空格分隔，每个列表元素值均在 $-2^{31} \sim 2^{31}-1$ 范围内。简单起见，假设二维列表的元素各不相同，且每组测试数据最多只有一个马鞍点。

输出格式：

对于每组测试数据，若马鞍点存在则输出其值，否则输出 Impossible。

解析：

根据题意，可以每行都找到一个最小值的位置（列下标），再看该数是否是其所在列中的最大值，若是则输出。考虑没有马鞍点时要输出 Impossible，可以设置一个计数器或标记变量。具体代码如下。

```python
T=int(input())
for t in range(T):
    m,n=map(int,input().split())
    a=[]
    for i in range(m):
        t=list(map(int,input().split()))
        a.append(t)
    cnt=0                       #计数器清 0
    for i in range(m):          #找到每行数据的最小数,并记录下标到 k 中
        k=0
        for j in range(n):
            if a[i][j]<a[i][k]:
                k=j
        for j in range(m):      #若该数不是列中的最大数,则结束循环
            if a[j][k]>a[i][k]:
                break
```

```
            else:                      #若对应的 for 语句未执行 break,则找到马鞍点
                print(a[i][k])
                cnt+=1
                break
        if cnt==0:                     #若计数器为 0,则不存在马鞍点
            print("Impossible")
```

运行结果如下。

```
2↵
4 3↵
6 7 11↵
2 17 13↵
4 -2 3↵
5 9 88↵
6
2 3↵
6 7 11↵
9 8 3↵
Impossible
```

本题只有一个马鞍点,找到即可结束循环。如果存在多个马鞍点的情况,则需针对每个 (i,j) 位置上的数去检查是否满足马鞍点的条件,其思想类似于例 4.5.6,具体代码留给读者自行完成。

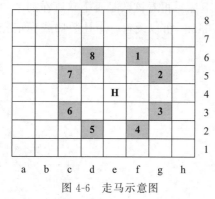

图 4-6 走马示意图

例 4.5.5 骑士

在国际象棋中,棋盘的行编号为 $1\sim8$,列编号为 $a\sim h$;马以"日"方式行走,根据马在当前棋盘上的位置,可以有几种合适的走法? 如图 4-6 所示,设马(以 H 表示)在 e4 位置,则下一步可以走的位置是棋盘中粗体数字标注的 8 个位置。

输入格式:

首先输入一个正整数 T,表示测试数据的组数,然后输入 T 组测试数据。每组测试数据输入一个字符($a\sim h$)和一个整数($1\sim8$),表示马当前所在的位置。

输出格式:

对于每组测试,输出共有几种走法。

输入样例:	输出样例:
1	8
e4	

解析：

本题只要判断马可以跳到的 8 个可能的位置有几个在棋盘上。例如,如图 4-6 所示,当前位置为 e4 时,可以跳的 8 个位置 f6、g5、g3、f2、d2、c3、c5、d6 都在棋盘上,所以结果为 8。为方便求得 8 个位置,可以设一个方向增量列表,例如 f6 相对于 e4 在行、列方向的增量分别是 2、1,而 g5 相对于 e4 在行、列方向的增量为 1、2,以此类推,可以得到如下方向列表:

```
#方向增量列表,行、列位置的增量,对应图4-6的位置1~位置8
dir=[[2,1],[1,2],[-1,2],[-2,1],[-2,-1],[-1,-2],[1,-2],[2,-1]]
```

在输入的行、列上分别加上行增量($dir[i][0]$)、列增量($dir[i][1]$)即可得到新的可能走的位置。另外,需把输入的两个字符转换为下标(与棋盘对应,下标从 1 开始用),因为列是(从'a'开始的)小写字母,可用该字母的 Unicode 码值减去字符'a'的 Unicode 码值再加 1 得到列下标,而输入的行号直接转换为整数。具体代码如下。

```
dir=[[2,1],[1,2],[-1,2],[-2,1],[-2,-1],[-1,-2],[1,-2],[2,-1]]
T=int(input())
for t in range(T):
    s=input()                          #包含两个字符的字符串
    row=int(s[1])                      #行号转换为整数
    col=ord(s[0])-ord('a')+1           #列号(小写字母)转换为整数
    cnt=0                              #计数器清0
    for i in range(len(dir)):         #扫描方向数组的8个方向,检查可能走的位置是否在棋盘中
        newRow=row+dir[i][0]          #计算可能走的新行号
        newCol=col+dir[i][1]          #计算可能走的新列号
        if (newRow>=1 and newRow<=8) and (newCol>=1 and newCol<=8):
            cnt+=1                    #若可能走的位置在棋盘内,则计数器增1
    print(cnt)
```

运行结果如下。

```
3 ↵
e4 ↵
8
b7 ↵
4
g3 ↵
6
```

例 4.5.6 纵横

莫大侠练成纵横剑法,走上了杀怪路,每次仅出一招。这次,他遇到了一个正方形区域,由 $n \times n$ 个格子构成,每个格子(行号、列号都从 1 开始编号)中有若干怪。莫大侠施展幻影

步,抢占了一个格子,使出绝招"横扫四方",就把他上、下、左、右 4 个直线方向区域内的怪都灭了(包括抢占点的怪)。请帮他算算他抢占哪个位置使出绝招"横扫四方"能杀掉最多的怪。如果有多个位置都能杀最多的怪,优先选择按行优先最靠前的位置。例如样例中位置 $(1,2)$、$(1,3)$、$(3,2)$、$(3,3)$ 都能杀 5 个怪,则优先选择位置 $(1,2)$。

输入格式：

首先输入一个正整数 T,表示测试数据的组数,然后输入 T 组测试数据。对于每组测试,第 1 行输入 $n(3 \leqslant n \leqslant 20)$,第 2 行开始的 n 行输入 $n \times n$ 个格子中的怪数(非负整数)。

输出格式：

对于每组测试数据输出一行,包含 3 个整数,分别表示莫大侠抢占点的行号和列号及所杀的最大怪数,数据之间留一个空格。

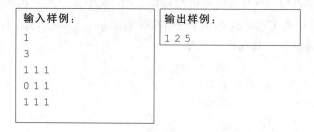

```
输入样例：          输出样例：
1                   1 2 5
3
1 1 1
0 1 1
1 1 1
```

解析：

本题的题意是任选一个位置 (i,j) $(0 \leqslant i,j \leqslant n-1)$ 并把 i 行和 j 列的所有数加起来求最大值,因此可以用二重循环扫描每个位置,把相应行和相应列的数累加起来(每个位置上的数仅需算一次)并判断其是否大于当前最大值,若是则更新当前最大值并把位置记录下来。由于等于时不做更新,可以保证"如果有多个位置都能杀最多的怪,优先选择按行优先最靠前的位置"。具体代码如下。

```python
T=int(input())
for t in range(T):
    n=int(input())
    a=[[0]*n]*n                    #创建 n 行 n 列的二维列表
    for i in range(n):             #输入二维列表
        a[i]=list(map(int,input().split()))
    row=0                          #保存最大值所在行号
    col=0                          #保存最大值所在列号
    maxVal=0                       #保存最大值
    for i in range(n):             #用二重循环扫描每一个位置,找所在行与列和的最大值
        for j in range(n):
            s=0                    #求和单元清 0
            for k in range(n):     #对行下标为 i、列下标为 j 的行、列元素求和
                s+=a[i][k]         #行下标为 i 的所在行的元素求和
```

```
            s+=a[k][j]              #列下标为 j 的所在列的元素求和
            s-=a[i][j]              #减去多加了一次的 a[i][j]
            #若当前位置的结果大于假设最大值,则更新假设最大值并记录行、列号
            if s>maxVal:
                row=i+1
                col=j+1
                maxVal=s
    print(row,col,maxVal)
```

运行结果如下。

```
1↵
3↵
1 1 1↵
0 1 1↵
1 1 1↵
1 2 5
```

例 4.5.7 气球升起来

程序设计竞赛时,赛场升起各种颜色的气球多么激动人心呀!志愿者送气球忙得不亦乐乎,观赛的小明想知道目前哪种颜色的气球送出得最多。

输入格式:

测试数据有多组,处理到文件尾。每组数据先输入一个整数 $n(0 < n \leqslant 5000)$ 表示分发的气球总数。接下来输入 n 行,每行一个表示颜色的字符串(长度不超过 20 且仅由小写字母构成)。

输出格式:

对于每组测试,输出出现次数最多的颜色。若出现并列的情况,则只需输出 ASCII 码值最小的那种颜色。

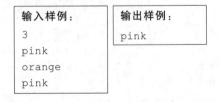

```
输入样例:          输出样例:
3                   pink
pink
orange
pink
```

解析:

本题可以使用字典求解,该字典中的"键-值"对由颜色及其出现次数构成。每输入一个颜色 s,就检查 s 是否在字典 d 中,若键 s 存在于字典中,则使其值 $d[s]$ 增 1,否则插入"键-值"对 $s:1$。在统计得到各种颜色的出现次数之后,使用 max(d.values()) 求得出现次数的最大值,再求出现次数等于最大值且字典序最小的颜色。具体代码如下。

129

```
while True:
    try:
        n=int(input())                    #输入颜色数 n
    except EOFError: break
    d={}                                  #创建空字典
    for i in range(n):                    #进行 n 次循环
        s=input()                         #输入一个颜色字符串存放于 s 中
        if s in d.keys():                 #若已存在键 s,则该键对应的值(出现次数)加 1
            d[s]+=1
        else:                             #若原来不存在键 s,则插入"键-值"对 s:1
            d[s]=1
    maxNum=max(d.values())                #找出最大的值(出现次数)
    res=max(d.keys())                     #找出最大的键(颜色)
    for it in d:                          #在字典中找值最大且字典序最小的键
        if d[it]==maxNum and it<res:
            res=it
    print(res)                            #输出结果
```

运行结果如下。

```
5 ↵
green ↵
red ↵
blue ↵
red ↵
blue ↵
blue
```

实际上,可以使用字典的成员函数 get 简化不同颜色的统计的写法。具体代码如下。

```
while True:
    try:
        n=int(input())                    #输入颜色数 n
    except EOFError: break
    d={}                                  #创建空字典
    for i in range(n):                    #进行 n 次循环
        s=input()                         #输入一个颜色字符串存放于 s 中
        d[s]=d.get(s,0)+1                  #若不存在键 s,则 d[s]=0+1,否则 d[s]=d[s]+1
    maxNum=0                              #找出最大的值(出现次数)
    res=''                               #找出最大的键(颜色)
    for k, v in d.items():                #在字典中找值最大且字典序最小的键
        if v>maxNum or (v==maxNum and k<res):
            res, maxNum=k, v
    print(res)                            #输出结果
```

习 题

一、选择题

1. 下列关于一维列表的说法中,错误的是( )。

    A. 列表中的元素类型必须相同

    B. 列表中的元素下标是从 0 开始的

    C. 空列表可用[]或内置函数 list 创建

    D. 可把负整数置于[]中取得列表中的元素

2. 若有一维列表 $a = [1,2,3,4]$,则 $a[3]$ 的值为( )。

    A. 4   B. 3   C. 2   D. 1

3. 若有一维列表 $a = \{1,2,3,4,5,6,7,8,9,10\}$,则数值最小和最大的元素下标分别是( )。

    A. 1,10   B. 0,9   C. 1,9   D. 0,10

4. 已知一维列表 a 的长度为 10,则以下使用方式中错误的是( )。

    A. $a[:10]$ B. $a[1:]$ C. $a[1:10]$ D. $a[10]$

5. 以下与一维列表创建语句 $a = [0] * 10$ 不能达到的效果相同的语句是( )。

    A. a=[0 for i in range(10)]

    B. a=[]; for i in range(10): a.append(0)

    C. a=[]; for i in range(10,0,-1): a.append(0)

    D. a=list(10)

6. 以下创建二维列表的各语句中,错误的是( )。

    A. a=[[1,2,3],[4,5],[7]]

    B. a=[1,2,3]+[4,5,6]+[7,8,9]

    C. a=[[1,2,3],[4,5,6],[7,8,9]]

    D. a=[[0] * 4] * 5

7. 以下语句的执行结果是( )。

```
a=[[0] * 3] * 3
for i in range(3):
    for j in range(3):
        a[i][j]=(i+1) * (j+1)
print(a)
```

    A. [[1, 2, 3], [1, 2, 3], [1, 2, 3]]

    B. [[1, 2, 3], [2, 4, 6], [3, 6, 9]]

    C. [[3, 6, 9], [3, 6, 9], [3, 6, 9]]

    D. 以上答案都错

8. 以下语句的执行结果是( )。

```
a=[]
for i in range(3):
    a.append([0] * 3)
for i in range(3):
    for j in range(3):
        a[i][j]=(i+1) * (j+1)
print(a)
```

    A. [[1, 2, 3], [1, 2, 3], [1, 2, 3]]

    B. [[1, 2, 3], [2, 4, 6], [3, 6, 9]]

    C. [[3, 6, 9], [3, 6, 9], [3, 6, 9]]

    D. 以上答案都错

9. 以下代码段的执行结果为（　　）。

```
a=[[1,2,3],[4,5],[7]]
print(a[1][2])
```

    A. 0　　　　　　　　B. 2　　　　　　　　C. 5　　　　　　　　D. 语句出错

10. 以下关于字典的说法，错误的是（　　）。

    A. 字典中的各个键应该各不相同

    B. 可用函数 len 求得字典的长度

    C. 字典中的各个键对应的值应该各不相同

    D. 字典中的键不能是可变类型的

11. 若 print(a[3]) 可以成功执行，则 a 不可能是（　　）。

    A. 集合　　　　　　B. 字符串　　　　　C. 列表　　　　　　D. 字典

12. 若 a[3]=5 可以成功执行，则 a 可能是（　　）。

    A. 字符串或列表　　B. 列表或字典　　　C. 元组或集合　　　D. 集合或字典

13. 若 a.append(1) 可以成功执行，则 a 可能是（　　）。

    A. 集合　　　　　　B. 元组　　　　　　C. 列表　　　　　　D. 字典

14. 以下代码段的执行结果为（　　）。

```
d={"A":[9,10],"B":[6,7,8],"C":[0,1,2,3,4,5],"A":[11]}
print(d["A"])
```

    A. [9,10,11]　　　B. [11]　　　　　C. [9,10]　　　　D. 语句出错

15. 以下代码段的执行结果为（　　）。

```
d={"A":[9,10],"B":[6,7,8],"C":[0,1,2,3,4,5],"a":[11]}
print(d["A"])
```

    A. [9,10,11]　　　B. [11]　　　　　C. [9,10]　　　　D. 语句出错

16. 以下代码段的执行结果为（　　　）。

```
d={"A":[9,10],"B":[7,8],"C":[5,6]}
d["C"]=[3,4]
a=[]
for i in d:
    a.append(d[i])
print(a)
```

    A. [[9，10]，[7，8]，[3，4]]

    B. [[9，10]，[7，8]，[5，6]]

    C. [[3，4]]

    D. 语句出错

17. 以下代码段的执行结果为（　　　）。

```
d={"A":[9,10],"B":[7,8],"C":[5,6]}
d["D"]=[3,4]
a=[]
for i in d:
    a.append(d[i])
print(a)
```

    A. [[9，10]，[7，8]，[5,6]]

    B. [[9，10]，[7，8]，[5，6]，[3，4]]

    C. [[9，10]，[7，8]，[3，4]]

    D. 语句出错

二、在线编程题

1. 部分逆置

输入 n 个整数，把第 i 个到第 j 个之间的全部元素进行逆置，并输出逆置后的 n 个数。

输入格式：

首先输入一个正整数 T，表示测试数据的组数，然后输入 T 组测试数据。每组测试先输入 3 个整数 n、i、j（$0<n<100,1\leqslant i<j\leqslant n$），再输入 n 个整数。

输出格式：

对于每组测试数据，输出逆置后的 n 个数，要求每两个数据之间留一个空格。

输入样例：	输出样例：
1 7 2 6 11 22 33 44 55 66 77	11 66 55 44 33 22 77

2. 保持数列有序

有 n 个整数，已经按照从小到大顺序排列好，现在另外给一个整数 x，将该数插入序列中,并使新的序列仍然有序。

输入格式:

测试数据有多组,处理到文件尾。每组测试先输入两个整数 $n(1\leqslant n\leqslant100)$ 和 x,再输入 n 个从小到大有序的整数。

输出格式:

对于每组测试,输出插入新元素 x 后的数列(元素之间留一个空格)。

输入样例:	输出样例:
3 3 1 2 4	1 2 3 4

3. 简单的归并

已知列表 A 和 B 各有 m、n 个元素,且元素按值非递减排列,现要求把 A 和 B 归并为一个新的列表 C,且 C 中的数据元素仍然按值非递减排列。

例如,若 $A=(3,5,8,11)$,$B=(2,6,8,9,11,15,20)$,则 $C=(2,3,5,6,8,8,9,11,11,15,20)$。

输入格式:

首先输入一个正整数 T,表示测试数据的组数,然后输入 T 组测试数据。

每组测试数据输入 2 行,其中第 1 行首先输入 A 的元素个数 $m(1\leqslant m\leqslant100)$,然后输入 m 个元素。第 2 行首先输入 B 的元素个数 $n(1\leqslant n\leqslant100)$,然后输入 n 个元素。

输出格式:

对于每组测试数据。分别输出将 A、B 合并后的列表 C 的全部元素。输出的元素之间以一个空格分隔(最后一个数据之后没有空格)。

输入样例:	输出样例:
1	2 3 5 6 8 8 9 11 11 15 20
4 3 5 8 11	
7 2 6 8 9 11 15 20	

4. 变换列表元素

变换的内容如下。

(1) 将长度为 10 的列表中的元素按升序进行排序;

(2) 将列表的前 n 个元素换到列表的最后面。

输入格式:

首先输入一个正整数 T,表示测试数据的组数,然后输入 T 组测试数据。每行测试数据输入 1 个正整数 $n(0<n<10)$,然后输入 10 个整数。

输出格式:

对于每组测试数据,输出变换后的全部列表元素。元素之间以一个空格分隔(最后一个数据之后没有空格)。

输入样例:	输出样例:
1	34 34 37 45 68 76 89 98 23 24
2 34 37 98 23 24 45 76 89 34 68	

5. 武林盟主

在传说的江湖中,各大帮派要选武林盟主了,如果龙飞能得到超过一半的帮派的支持就可以当选,而每个帮派的结果又是由该帮派的帮众投票产生的,如果某个帮派超过一半的帮众支持龙飞,则他将赢得该帮派的支持。现在给出每个帮派的帮众人数,请问龙飞至少需要赢得多少人的支持才可能当选武林盟主?

输入格式:

测试数据有多组,处理到文件尾。每组测试先输入一个整数 $n(1 \leqslant n \leqslant 20)$,表示帮派数,然后输入 n 个正整数,表示每个帮派的帮众人数 $a_i(a_i \leqslant 100)$。

输出格式:

对于每组数据输出一行,表示龙飞当选武林盟主至少需要赢得支持的帮众人数。

输入样例:	输出样例:
3 5 7 5	6

6. 集合 $A - B$

求两个集合的差集。注意,同一个集合中不能有两个相同的元素。

输入格式:

首先输入一个正整数 T,表示测试数据的组数,然后输入 T 组测试数据。每组测试数据输入 1 行,每行数据的开始是 2 个整数 $n(0 < n \leqslant 100)$ 和 $m(0 < m \leqslant 100)$,分别表示集合 A 和集合 B 的元素个数,然后紧跟着 $n + m$ 个元素,前面 n 个元素属于集合 A,其余的属于集合 B。每两个元素之间以一个空格分隔。

输出格式:

针对每组测试数据输出一行数据,表示集合 $A - B$ 的结果,如果结果为空集合,则输出 NULL,否则从小到大输出结果,每两个元素之间以一个空格分隔。

输入样例:	输出样例:
2	2 3
3 3 1 3 2 1 4 7	NULL
3 7 2 5 8 2 3 4 5 6 7 8	

来源:

HDOJ 2034

7. 又见 $a + b$

某天,诺诺在做两个 10 以内(包含 10)的加法运算时,感觉太简单。于是她想增加一点难度,同时也巩固一下英文,就把数字用英文单词表示。为了验证她的答案,请根据给出的两个英文单词表示的数字,计算它们的和并以英文单词的形式输出。

输入格式:

多组测试数据,处理到文件尾。每组测试输入两个英文单词表示的数字 a、$b(0 \leqslant a, b \leqslant 10)$。

输出格式：

对于每组测试，在一行上输出 $a+b$ 的结果，要求以英文单词表示。

输入样例：	输出样例：
ten ten one two	twenty three

8. 简版田忌赛马

这是一个简版田忌赛马问题，具体如下。

田忌与齐王赛马，双方各有 n 匹马参赛，每场比赛赌注为 200 两黄金，现已知齐王与田忌的每匹马的速度，并且齐王肯定是按马的速度从快到慢出场，编写一个程序帮助田忌计算他最多赢多少两黄金（若输，则用负数表示）。

简单起见，保证 $2n$ 匹马的速度均不相同。

输入格式：

首先输入一个正整数 T，表示测试数据的组数，然后输入 T 组测试数据。

每组测试数据输入 3 行，第 1 行是 $n(1 \leqslant n \leqslant 100)$，表示双方参赛马的数量，第 2 行是 n 个正整数，表示田忌的马的速度，第 3 行 n 个正整数，表示齐王的马的速度。

输出格式：

对于每组测试数据，输出一行，包含一个整数，表示田忌最多赢多少两黄金。

输入样例：	输出样例：
1 3 92 83 71 95 87 74	200

9. 魔镜

传说魔镜可以把任何接触镜面的东西变成原来的两倍，不过增加的那部分是反的。例如，对于字符串 XY，若把 Y 端接触镜面，则魔镜会把这个字符串变为 XYYX；若再用 X 端接触镜面，则会变成 XYYXXYYX。对于一个最终得到的字符串（可能未接触魔镜），请输出没使用魔镜前该字符串最初可能的最小长度。

输入格式：

测试数据有多组，处理到文件尾。每组测试输入一个字符串（长度小于 100，且由大写英文字母构成）。

输出格式：

对于每组测试数据，在一行上输出一个整数，表示没使用魔镜前最初字符串可能的最小长度。

输入样例：	输出样例：
XYYXXYYX	2

10. 并砖

工地上有 n 堆砖,每堆砖的块数分别是 $m_1,m_2,\cdots,m_n$,每块砖的重量都为 1,现要将这些砖通过 $n-1$ 次的合并(每次把两堆砖并到一起),最终合成一堆。若将两堆砖合并到一起消耗的体力等于两堆砖的重量之和,请设计最优的合并次序方案,使消耗的体力最小。

输入格式:

测试数据有多组,处理到文件尾。每组测试先输入一个整数 n($1\leqslant n\leqslant 100$),表示砖的堆数;然后输入 n 个整数,分别表示各堆砖的块数。

输出格式:

对于每组测试,在一行上输出采用最优的合并次序方案后体力消耗的最小值。

输入样例:	输出样例:
7 8 6 9 2 3 1 6	91

11. 判断回文串

若一个串正向看和反向看等价,则称作回文串。例如,t、abba、xyzyx 均是回文串。给出一个长度不超过 60 的字符串,判断它是否是回文串。

输入格式:

首先输入一个正整数 T,表示测试数据的组数,然后输入 T 组测试数据。每行输入一个长度不超过 60 的字符串(串中不包含空格)。

输出格式:

对于每组测试数据,判断是否是回文串,若是则输出 Yes,否则输出 No。

输入样例:	输出样例:
2	Yes
abba	No
abc	

12. 统计单词

输入长度不超过 80 的英文文本,统计该文本中长度为 n 的单词总数(单词之间只有一个空格)。

输入格式:

首先输入一个正整数 T,表示测试数据的组数,然后输入 T 组测试数据。

每组数据首先输入 1 个正整数 n($1\leqslant n\leqslant 50$),然后输入 1 行长度不超过 80 的英文文本(只含英文字母和空格)。

输出格式:

对于每组测试数据,输出长度为 n 的单词总数。

输入样例:	输出样例:
2	2
5	0
hello world	
5	
acm is a hard game	

13. 删除重复元素

对于给定的数列,要求把其中的重复元素删去再从小到大输出。

输入格式：

首先输入一个正整数 T,表示测试数据的组数,然后输入 T 组测试数据。每组测试数据先输入一个整数 $n(1 \leqslant n \leqslant 100)$,再输入 n 个整数。

输出格式：

对于每组测试,从小到大输出删除重复元素之后的结果,每两个数据之间留一个空格。

```
输入样例：              输出样例：
1                       1 2 3 4 5
10 1 2 2 2 3 3 1 5 4 5
```

14. 缩写期刊名

科研工作者经常要向不同的期刊投稿。但不同期刊的参考文献的格式往往各不相同。有些期刊要求参考文献中的期刊名必须采用缩写形式,否则直接拒稿。现对于给定的期刊名,要求按以下规则缩写：

(1) 长度不超过 4 的单词不必缩写；

(2) 长度超过 4 的单词仅取前 4 个字母,但其后要加"."；

(3) 所有字母都小写。

输入格式：

首先输入一个正整数 T,表示测试数据的组数,然后输入 T 组测试数据。

每组测试输入一个包含大小写字母和空格的字符串(长度不超过 85),单词由若干字母构成,单词之间以一个空格间隔。

输出格式：

对于每组测试,在一行上输出缩写后的结果,单词之间以一个空格间隔。

```
输入样例：              输出样例：
1                       ad hoc netw.
Ad Hoc Networks
```

15. 统计字符个数

输入若干字符串,每个字符串中只包含数字字符和大小写英文字母,统计字符串中不同字符的出现次数。

输入格式：

测试数据有多组,处理到文件尾。每组测试输入一个字符串(不超过 80 个字符)。

输出格式：

对于每组测试,按字符串中出现的字符的 ASCII 码升序逐行输出不同的字符及其个数(两个数据之间留一个空格),每两组测试数据之间留一空行,输出格式参照输出样例。

输入样例：	输出样例：
12123 acacacb	1 2 2 2 3 1 a 3 b 1 c 3

16. 计算天数

根据输入的日期，计算该日期是该年的第几天。

输入格式：

测试数据有多组，处理到文件尾。每组测试输入一个具有格式 Mon DD YYYY 的日期。其中，Mon 是一个用 3 个字母表示的月份，DD 是一个用 2 位整数表示的日份，YYYY 是一个用 4 位整数表示的年份。

提示：闰年则是指该年份能被 4 整除而不能被 100 整除或者能被 400 整除。1～12 月分别表示为 Jan、Feb、Mar、Apr、May、Jun、Jul、Aug、Sep、Oct、Nov、Dec。

输出格式：

对于每组测试，计算并输出该日期是该年的第几天。

输入样例：	输出样例：
Oct 26 2003	299

17. 判断是否是对称方阵

输入一个整数 n 及一个 n 阶方阵，判断该方阵是否以主对角线对称，输出 Yes 或 No。

输入格式：

首先输入一个正整数 T，表示测试数据的组数，然后输入 T 组测试数据。每组数据的第一行输入一个整数 $n(1 < n < 100)$，接下来输入 n 阶方阵（共 n 行，每行 n 个整数）。

输出格式：

对于每组测试，若该方阵以主对角线对称，则输出 Yes，否则输出 No。

输入样例：	输出样例：
1 3 1 2 3 2 9 4 3 4 8	Yes

18. 数雷

扫雷游戏可参考图 4-7。

点开一个格子时，如果这一格没有雷，那它上面显示的数字就是周围 8 个格子的地雷数目。给你一个矩形区域表示的雷区，请数一数各个无雷格子周围（上、下、左、右、左上、右上、

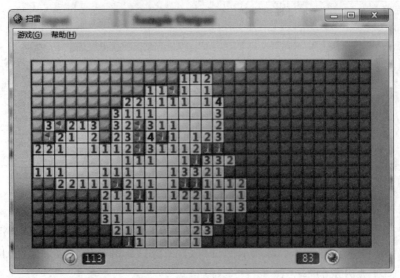

图 4-7　扫雷游戏示意图

左下、右下 8 个方向)有几个雷。

输入格式：

首先输入一个正整数 T，表示测试数据的组数，然后输入 T 组测试数据。对于每组测试，第一行输入 2 个整数 x、y($1 \leqslant x, y \leqslant 15$)，接下来输入 x 行，每行 y 个字符，用于表示地雷的分布，其中，$*$ 表示地雷，. 表示该处无雷。

输出格式：

对于每组测试，输出 $x \times y$ 的矩形，有地雷的格子显示 $*$，没地雷的格子显示其周围 8 个格子中的地雷总数。任意两组测试之间留一个空行。

输入样例：	输出样例：
1	* * 2
3 3	34 *
* * .	1 * 2
. . *	
. * .	

19. 成绩排名

对于 n 个学生 m 门课程的成绩，按平均成绩从高到低的顺序输出学生的学号(不处理那些有功课不及格的学生)，对于平均成绩相同的情况，学号小的排在前面。

输入格式：

首先输入一个正整数 T，表示测试数据的组数，然后输入 T 组测试数据。每组数据首先输入 2 个正整数 n、m($1 \leqslant n \leqslant 50, 1 \leqslant m \leqslant 5$)，表示有 n 个学生和 m 门课程，然后输入 n 行 m 列的整数，依次表示学号从 1 到 n 的学生的 m 门课程的成绩。

输出格式：

对于每组测试，在一行内按平均成绩从高到低的顺序输出没有不及格课程的学生学号(每两个学号之间留一空格)。若无满足条件的学生，则输出 NULL。

输入样例：	输出样例：
1 4 3 60 60 61 60 61 60 77 78 29 60 62 60	4 1 2

20. 找成绩

给定 n 个同学的 m 门课程成绩,要求找出总分排列第 k 名(保证没有相同总分)的同学,并依次输出该同学的 m 门课程的成绩。

输入格式：

首先输入一个正整数 T,表示测试数据的组数,然后输入 T 组测试数据。每组测试包含两部分：第一行输入 3 个整数 n、m 和 k($2\leqslant n\leqslant 10$, $3\leqslant m\leqslant 5$, $1\leqslant k\leqslant n$);接下来的 n 行,每行输入 m 个百分制成绩。

输出格式：

对于每组测试,依次输出总分排列第 k 名的那位同学的 m 门课程的成绩,每两个数据之间留一空格。

输入样例：	输出样例：
1 7 4 3 74 63 71 90 98 68 83 62 90 55 93 95 68 64 93 94 67 76 90 83 56 51 87 88 62 58 60 81	67 76 90 83

21. 最值互换

给定一个 n 行 m 列的矩阵,找出最大数与最小数并交换它们的位置。若最大数或最小数有多个,以最前面出现者为准(矩阵以行优先的顺序存放,可照样例)。

输入格式：

测试数据有多组,处理到文件尾。每组测试数据的第一行输入 2 个整数 n、m($1<n$, $m<20$),接下来输入 n 行数据,每行 m 个整数。

输出格式：

对于每组测试数据,输出处理完毕的矩阵(共 n 行,每行 m 个整数),每行中每两个数据之间留一个空格。具体看输出样例。

```
输入样例：                    输出样例：
3 3                          4 1 9
4 9 1                        3 5 7
3 5 7                        8 1 9
8 1 9
```

22. 构造矩阵

当 $n=3$ 时，所构造的矩阵如输出样例所示。观察该矩阵找到规律，并根据输入的整数 n，构造出相应的 n 阶矩阵。

输入格式：

首先输入一个正整数 T，表示测试数据的组数，然后输入 T 组测试数据。每组测试数据输入一个正整数 $n(n \leqslant 20)$。

输出格式：

对于每组测试，逐行输出构造好的矩阵，每行中的每个数字占 5 个字符宽度。

```
输入样例：                    输出样例：
1                              4    2    1
3                              7    5    3
                              9    8    6
```

第5章 函　　数

5.1　引　　例

例 5.1.1　逆序数的逆序和

输入两个正整数,先将它们分别倒过来,然后相加,最后将结果倒过来输出。注意,前置的 0 将被忽略。例如,输入 305 和 794。倒过来相加得到 1000,输出时只要输出 1 就可以了。测试数据保证结果不超过 $2^{31}-1$。

输入格式:

首先输入一个正整数 T,表示测试数据的组数,然后输入 T 组测试数据。每组测试输入两个正整数 a、b。

输出格式:

对于每组测试,将 a、b 逆序后求和并逆序输出(前导 0 不需要输出)。

输入样例:	输出样例:
2	81
21 6	579
123 456	

解析:

本题需求 3 次逆序数,若每次都重复写一个循环实现,则代码将较冗长。因为求逆序数的方法是一样的,可以编写一个求逆序数的函数,调用 3 次即可完成两个输入的整数及一个结果整数的逆序。

思考:当 $x=1234$ 时,如何得到 x 的逆序数?

设 r 为 x 的逆序数,可以这样考虑:$r=((4*10+3)*10+2)*10+1=4321$,即让 r 一开始为 0,再不断把 x 的个位取出来加上 $r*10$ 重新赋值给 r,直到 x 为 0(通过 $x=x//10$ 不断去掉 x 的个位)。具体代码如下。

```
def revNum(x):                        #自定义函数,求参数 n 的逆序数,此行是函数头
    #函数体
    r=0
    while x>0:
        r=r*10+x%10
        x=x//10
```

```
        return r                        #返回逆序数
T=int(input())
for t in range(T):
    m,n=map(int,input().split())
    res=revNum(revNum(m)+revNum(n))     #3次调用 revNum 函数
    print(res)
```

运行结果如下。

```
2 ↵
1234 5708 ↵
69321
305 794 ↵
1
```

函数定义以关键字 def 开始，revNum 是函数名，其后的小括号及其后的冒号是必需的，小括号中的 x 是形式参数，用于调用时接收传递过来的实际参数（如 m、n）的值，完成逆序的代码写在冒号之后构成函数体；函数需调用才起作用。程序员在编写程序时，通常会把一个程序中多次使用的代码写成一个函数再调用多次，如本例所示。实际上，一些常用功能即使在一个程序中不被调用多次，也经常写成一个个自定义函数，例如，判断一个数是否是素数、求两个整数的最大公约数或最小公倍数、二分查找及排序等。另外，本例所写的 revNum 函数能够忽略前导 0，原因请读者自行分析。

通过内置函数 str、int、len 及字符串切片操作，可将整数 n 转换为字符串，再取其逆序串转换为整数返回，如此可简化定义求逆序数的 revNum 函数如下。

```
def revNum(n):
    return int(str(n)[-1:-len(str(n))-1:-1])
```

5.2 函数基础知识

5.2.1 函数概述

简言之，函数是一组相关语句组织在一起所构成的整体，并以函数名标注。

从用户的角度而言，函数分为库函数和用户自定义函数。库函数有很多，包括可以直接调用的内置函数及其他标准库或扩展库中的函数，例如，range、print、abs、max、min、sum、sqrt、randint 等。具体用法举例如下。

```
>>>a=range(10); s=sum(a); print(s)    #调用内置函数 range、sum 分别产生数列、求和
45
>>>b=[1,13,52,6,8]
```

```
>>>m=max(b); n=min(b); print(m,n)        #调用内置函数 max、min 分别求最大、最小值
52 1
>>>c=-123.45; print(abs(c))              #调用内置函数 abs 求绝对值
123.45
>>>from math import sqrt                  #导入数学库(或称数学模块)math 中的 sqrt 函数
>>>print(sqrt(2))                         #调用 sqrt 函数,求平方根
1.4142135623730951
>>>from random import randint             #导入随机库 random 中的 randint 函数
>>>randint(10,99)                         #调用 randint 函数,产生[10, 99]范围内的整数
52
```

本章主要介绍用户自定义函数。读者可以自行查阅并测试感兴趣的库函数。

一个大的程序一般分为若干程序模块,每个模块用来实现一个特定的功能,每个模块一般定义一个函数来实现。

5.2.2 函数的定义与调用

1. 函数定义

函数定义由函数头和函数体两部分组成。一般形式如下。

> **def** 函数名([形参列表]):
>   函数体

说明:

(1) "def 函数名([形参列表]):"是函数头,函数定义必须以关键字 def 开头,函数名后的小括号不能缺少;冒号之后缩进量相同的若干语句构成函数体。

(2) 函数名必须是合法的标识符。

(3) 函数定义中的参数为形式参数,简称形参。根据是否有形参,函数可分为带参函数和无参函数。形参列表的每个参数指定参数名即可(参数类型根据函数调用时的实参确定),形参列表若有多个参数,则以逗号间隔。Python 支持参数带默认值,而且默认值参数须位于最右边,即任意一个默认值参数之后的所有参数都应该带默认值。

(4) 根据是否有返回值,函数可分为有返回值函数(一般作为表达式调用)和无返回值函数(返回 None,一般作为语句调用)。通过函数中的 return 语句返回函数的返回值。return 语句的一般格式如下。

> **return** [返回值表达式]

其中[ ]表示返回值表达式可省略,若返回值表达式省略,则仅用 return 语句将控制程序流程返回到调用点;若 return 语句带返回值表达式,则在控制程序流程返回调用点的同时带回一个值。

在 Python 中,函数可以嵌套定义,即在一个函数的函数体中再定义另一个函数。

2. 函数调用

函数定义好之后必须调用才能起作用。函数调用的形式一般如下。

> [变量=]函数名([实参列表])

无返回值的函数一般以语句形式调用，有返回值的函数一般以表达式形式调用，否则其返回值没有意义。

调用时的参数称为实际参数，简称实参。一般情况下，参数的类型、顺序、个数必须与函数定义中的一致，但带默认值参数的函数调用时实参个数可以与形参个数不一致；若调用时指定形参名（关键字参数），则实参的顺序可与函数定义的形参列表中指定的顺序不一致。

函数调用时，先把实参（若有）依序传递给形参，然后执行函数定义体中的语句，执行到 return 语句或函数结束时，程序流程返回到调用点。

3. 函数定义与调用示例

用户自定义函数需先定义再调用。下面给出若干函数定义与调用的例子。

```
def sayHello():              #无参函数,也是无返回值函数,小括号不能省略
    print("Hello")

def max(a,b):                #带参函数,也是有返回值函数,有两个形参(用逗号分隔)
    if a>=b:
        return a             #返回语句,在流程返回的同时带回变量 a 的值
    else:
        return b

def cal(a,b,c='+'):          #带默认值参数的函数,默认值参数写在最右边
    if c=='+':
        return a+b
    elif c=='-':
        return a-b

def g(n):                    #函数嵌套定义,在 g 函数中定义 f 函数
    def f(n):
        return n**3
    return f(n)

sayHello()                   #无返回值的函数一般作语句调用
print(max(123,321))          #根据实参确定形参类型
print(max("abcde","abcDE"))  #根据实参确定形参类型
print(cal(1,2))              #因第 3 个参数未提供,故其使用默认值
print(cal(1,2,'-'))          #为默认值参数指定实参
print(cal(c='-',b=1,a=2))    #若调用时指定形参名,则实参顺序可与形参不一致
print(g(5))                  #调用 g 函数
```

运行结果如下。

```
Hello
321
abcde
3
-1
1
125
```

上面这些函数的实参都是常量。实际上,函数调用经常使用变量作为实参,若实参变量是不可变类型的引用,则把实参变量的值传递给形参(此类参数简称值参,形参的改变不影响实参),否则形参成为实参变量的引用(此类参数称为引用参数,形参的改变即实参的改变)。实参和形参可以同名,但它们实际上是各自作用域内的不同变量。对于带默认值参数的函数,若在调用时不指定对应的实参,则该参数使用定义时指定的默认值。

形参和函数体中创建的变量是仅在该函数中有效的局部变量,而在函数外创建的变量则是全局变量(或称外部变量),从创建处开始往下都有效。

注意,在 Python 中,若全局变量定义在某个函数 *f* 的调用之前,则该全局变量可在 *f* 函数定义中使用。例如:

```
def f():
    print(n ** 3)          #使用本函数定义之后调用之前创建的全局变量 n,可行
    print(m ** 2)          #使用本函数定义及调用之后的创建的全局变量 m,出错


n=3                        #在调用 f 函数之前创建全局变量 n,则 f 函数中可以使用 n
f()
m=5                        #在调用 f 数之后创建全局变量 m,则 f 函数中不能使用 m
```

运行结果如下。

```
27
Traceback (most recent call last):
  File "D:/Python/test.py", line 6, in <module>
    f()
  File "D:/Python/test.py", line 3, in f
    print(m ** 2)                #使用本函数定义及调用之后创建的全局变量 m,出错
NameError: name 'm' is not defined
```

注意,若要在函数定义中修改全局变量,则需用关键字 global 声明该全局变量,格式如下。

global 全局变量

若在函数定义中给全局变量赋值但之前未用 global 声明该变量,则将在函数中创建一

个与全局变量同名的局部变量。

修改全局变量的简单示例如下。

```
n=123                         #n 是全局变量

def f(t):                     #定义无参函数 f,参数 t 是局限于 f 函数的局部变量
    m=456                     #m 是局部变量,仅在 f 函数中有效
    global n                  #若无此语句,则下一条语句将创建局部变量 n
    n=789                     #因有上一条全局变量声明语句,故此处是在修改全局变量 n
    print(m+n+t)              #输出 1368

f(n)                          #函数需要调用才有效果
print(n)                      #输出修改后的全局变量 n 的值: 789
```

5.2.3　不定长参数

在 Python 中,可以使用不定长参数,即在形参之前加一个星号" ＊ "(该参数接收实参后成为一个元组)或两个星号" ＊＊ "(该参数接收实参后成为一个字典,且实参应包含参数名和值,其中参数名成为字典中的一个键,参数值成为该键对应的值)。注意,这与可迭代对象作为实参时在其之前加的星号(把可迭代对象中的元素逐个取出成为值参)是不同的。

在形参之前加一个星号的不定长参数的示例如下。

```
def f(a,b, ＊ c):            #形参 c 之前带 ＊ ,表示不定长参数
    print("first:",a)
    print("second:",b)
    print("third:",c)         #参数 c 接收实参后成为一个元组
    print( ＊ c)              #此处的 ＊ 表示逐个取元组 c 中的元素作为 print 函数的值参

#调用 f 函数,第 1 个参数 1 传递给 a,第 2 个参数 2 传递给 b,剩余的 3 个参数传递给 c
f(1,2,3,4,5)
#调用 f 函数,列表之前的 ＊ 表示逐个取列表中的元素作为 f 函数的值参
f( ＊ [1,2,3,4,5])           #相当于 f(1,2,3,4,5)
```

运行结果如下。

```
first: 1
second: 2
third: (3, 4, 5)
3 4 5
first: 1
second: 2
third: (3, 4, 5)
3 4 5
```

在形参之前加两个星号的不定长参数的示例如下。

```
def f(a,b,**c):              #形参 c 之前带 **,表示不定长参数
    print("first:",a)
    print("second:",b)
    print("third:",c)         #参数 c 接收实参后成为一个字典
    print(*c)                 #此处的 * 表示逐个取字典 c 中的键作为 print 函数的值参

#调用 f 函数,第 1 个参数 1 传递给 a,第 2 个参数 2 传递给 b,剩余的 3 个参数传递给 c
f(1,2,x=3,y=4,z=5)           #前两个参数之外的其他参数需有参数名和值
```

运行结果如下。

```
first: 1
second: 2
third: {'x': 3, 'y': 4, 'z': 5}
x y z
```

5.2.4 列表作为函数参数

列表元素作为函数实参时,与普通变量作为函数实参是一致的,即把列表元素的值传递给实参,形参的变化不会影响实参。例如:

```
def f(a):
    a=123

b=[2,5,6]
f(b[1])
print(b)
```

运行结果如下。

```
[2, 5, 6]
```

列表名作为函数的参数,指的是形参和实参都使用列表名。此时形参列表是实参列表的引用,即在函数调用期间形参列表与实参列表是同一个列表,因此对形参列表的改变就是对实参列表的改变。例如:

```
def g(a):
    for i in range(len(a)):
        a[i]=a[i]**3
```

```
b=[2,5,6]
g(b)
print(b)
```

运行结果如下。

```
[8, 125, 216]
```

例 5.2.1 m 趟选择排序

先在第 1 行输入整数 n 和 m，再在第 2 行输入 n 个整数构成的数列，要求利用选择排序（每趟排序最多交换一次）进行排序，并输出第 m 趟排序后的数列状况。把选择排序定义为一个函数。

解析：

选择排序的思想和方法在前面的章节中已经讨论过，这里以函数的形式表达，且排序趟数以参数 m 控制。具体代码如下。

```
def selectSort(a,n,m):              #对包含 n 个元素的整型列表 a 进行 m 趟排序
    for i in range(m):              #n 个数进行 m 趟排序
        k=i                         #k 是假设最小数的下标,第 i 趟假设下标为 i 的元素最小
        for j in range(i+1,n):      #控制假设最小数与其后数据比较
            if a[k]>a[j]:           #若后面的数据小于假设最小数,则将其下标保存到 k 中
                k=j
        if k!=i:                    #若当前最小数不在当前最前面位置,则交换
            a[k],a[i]=a[i],a[k]

n,m=map(int,input().split())
b=list(map(int,input().split()))
selectSort(b,n,m)                   #调用 m 趟选择排序的函数
print(*b)                          #输出结果
```

运行结果如下。

```
6 3↵
3 5 1 2 8 6↵
1 2 3 5 8 6
```

从运行结果可见，实参列表 b 在调用 selectSort 函数之后发生了改变，即形参列表 a 的改变影响到了实参列表 b。因列表名作为函数参数时，传递的是引用，在函数调用期间形参列表 a 与实参列表 b 是同一个列表，故对列表元素 $a[i]$（$0 \leqslant i < n$）的改变就是对 $b[i]$ 的改变。

5.2.5 匿名函数

Python 语言使用关键字 lambda 创建匿名函数，形式如下。

```
[函数名=]lambda [参数 1[,参数 2,…,参数 n]]:表达式
```

关键字 lambda 创建包含简单逻辑的函数,其参数位于 lambda 和冒号":"之间,可以有 0 个、1 个或多个参数,若有多个参数则以逗号","分隔,其主体部分(冒号之后)是一个表达式。可以通过赋值语句给匿名函数取名。例如:

```
f1=lambda a, b : a if a>=b else b    #创建包含两个参数的匿名函数,并取名为 f1
print(f1(12,34))

c=1
f2=lambda a, b : c if a>b else 0     #匿名函数的主体中只能使用参数和全局变量
print(f2(123,78))

f3=lambda a: a** 3                    #一个参数的匿名函数,并取名为 f3
print(f3(3))

f4=lambda : "Hello"                   #无参匿名函数,并取名为 f4
print(f4())
```

运行结果如下。

```
34
1
27
Hello
```

lambda 匿名函数可返回整数、实数、字符串、元组和列表等不同类型的值。例如,如下 f 函数和 g 函数分别返回一个元组和一个列表。

```
f=lambda a : (a** 2, a** 3)          #返回元组
g=lambda n : [n%2==0, n]             #返回列表
f(3)                                 #调用返回元组(9, 27)
g(3)                                 #调用返回列表[False, 3]
```

lambda 匿名函数可理解为简化的函数定义,例如,上述 g 函数相当于如下函数定义。

```
def g(n):
    return [n%2==0, n]
```

5.3 函 数 举 例

例 5.3.1 素数判断

输入一个正整数 n,判断 n 是否是素数,若是则输出 yes,否则输出 no。要求写一个判断一个正整数是否是素数的函数。

解析:

关于 n 是否是素数,可从 2 至 $\sqrt{n}$ 判断是否有 n 的因子,若有则 n 不是素数。素数判断在 3.3.5 节的例 3.3.14 中已有介绍,这里可把相关代码作为一个整体写成一个函数;因为要判断一个数是否是素数,所以该函数需有一个参数。具体代码如下。

```python
from math import sqrt              #导入函数 sqrt
def isPrime(n):                    #判断 n 是否是素数的函数
    flag=True                      #假设 n 是素数,标记设为 True
    k=int(sqrt(n))                 #求得 sqrt(n),整数部分存放在 k 中
    for i in range(2,k+1):         #从 2 到 k 判断是否存在 n 的因子
        if n%i==0:                 #若 i 是 n 的因子,则 n 不是素数,结束循环
            flag=False
            break
    if n==1: flag=False            #对 1 进行特判
    return flag

n=int(input())
if isPrime(n)==True:               #若 n 是素数
    print("yes")
else:
    print("no")
```

运行结果如下。

```
2147483647 ↵
yes
```

例 5.3.2　最小回文数

输入整数 n,输出比该数大的最小回文数。其中回文数指的是正读、反读都一样的数,如 131、1221 等。要求写一个判断一个整数是否是回文数的函数。

解析:

判断是否是回文数可以调用例 5.1.1 中的求逆序数的函数 revNum,判断该数与逆序数是否相等。因为要找比 n 大的最小回文数,可以从 $n+1$ 开始逐个检查是否满足回文数的条件,第一个满足条件的数即为结果。

```python
def revNum(n):                     #求逆序数的函数
    s=0
    while n>0:
        s=s*10+n%10
        n=n//10
    return s

def isSymmetric(n):                #判断是否是回文数的函数
    return n==revNum(n)            #若 n 等于其逆序数,则返回 True,否则返回 False
```

```
    n=int(input())
    while True:
        n+=1
        if isSymmetric(n)==True:        #若 n 是回文数,则输出结果并结束循环
            print(n)
            break
```

运行结果如下。

```
1234 ↵
1331
```

本例调用 isSymmetric 函数判断回文数,而 isSymmetric 函数又调用求逆序数的函数 revNum,是一个函数嵌套调用的例子。显然,上述代码中的 isSymmetric 函数和 revNum 函数可合并为一个函数。另外,revNum 函数的定义也可采用例 5.1.1 中的简化函数。本例是否有更高效的解法? 若有,又该如何实现? 读者可自行思考并尝试实现。

5.4 递 归 函 数

5.4.1 递归函数基础

递归函数是直接或间接地调用自身的函数,可分为直接递归函数和间接递归函数。本书仅讨论直接递归函数。递归函数的两个要素是边界条件(递归出口)与递归方程(递归式),只有具备了这两个要素,才能在有限次计算后得出结果。

对于简单的递归问题,关键是分析得出递归式,并在递归函数中用 if 语句表达。

例 5.4.1　求 n!

求 n! 的递归式如下。

$$n! = \begin{cases} 1, & n = 0, 1 \\ (n-1)! \times n, & n > 1 \end{cases}$$

解析:

根据 n! 的递归式,直接用 if 语句表达。

```
def f(n):                    #函数定义
    if n==1 or n==0:         #递归出口
        return 1
    else:
        return f(n-1) * n    #递归调用

n=int(input())
res=f(n)
print(res)                   #调用,函数必须在调用之前定义
```

运行结果如下。

```
5 ↵
120
```

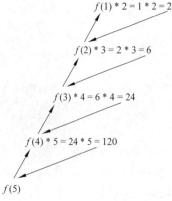

图 5-1　递归调用过程示意图

递归函数的执行分为扩展和回代两个阶段。例如，$f(5)$ 的调用先不断扩展到递归出口求出结果为 1，然后逐步回代结果到各个调用点，最终的调用结果为 120，如图 5-1 所示。

递归是实现分治法和回溯法的有效手段。分治法是将一个难以直接解决的大问题分割成一些规模较小的相似问题，各个击破，分而治之。回溯法是一种按照选优条件往前搜索，在不能再往前时回退到上一步再继续搜索的方法。

上述代码中的 f 函数可用条件表达式简化，具体定义如下。

```
def f(n):
    return f(n-1) * n if n>1 else 1
```

例 5.4.2　求最大公约数（函数）

输入两个正整数 a、b，求这两个整数的最大公约数。要求定义一个函数求最大公约数。

解析：

已知两个正整数的最大公约数是能够同时整除它们的最大正整数。求最大公约数可以用穷举法，也可以用辗转相除法（欧几里得算法）。

利用辗转相除法确定两个正整数 m 和 n 的最大公约数的算法思想如下：若 $m \% n = 0$，则 n 即为最大公约数，否则 $\gcd(m, n) = \gcd(n, m \% n)$。即递归式如下。

$$\gcd(m, n) = \begin{cases} n, & m \% n = 0 \\ \gcd(n, m \% n), & m \% n \neq 0 \end{cases}$$

根据辗转相除法的思想，求最大公约数的递归函数定义如下。

```
def gcd(m,n):
    if m%n==0:                      #递归出口
        return n
    else:
        return gcd(n,m%n)           #递归调用
a,b=map(int,input().split())
print(gcd(a,b))
```

运行结果如下。

上述代码中的 gcd 函数可用条件表达式简化,具体定义如下。

```
def gcd(m,n):
    return n if m%n==0 else gcd(n,m%n)
```

另外,math 模块中提供了求最大公约数的 gcd 函数,可直接调用。若调用该库函数,则求解本例的具体代码如下。

```
from math import gcd
a,b=map(int,input().split())
print(gcd(a,b))
```

通过调用最大公约数函数,可以方便地求得两个整数的最小公倍数,也可以方便地求得多个整数的最大公约数或最小公倍数,具体代码实现留给读者自行完成。

5.4.2 典型递归问题

例 5.4.3 斐波那契数列

意大利数学家列奥纳多·斐波那契(Leonardo Fibonacci)是 12、13 世纪欧洲数学界的代表人物。他提出的"兔子问题"引起了后人的极大兴趣。

"兔子问题"假定一对大兔子每一个月可以生一对小兔子,而小兔子出生后两个月就有繁殖能力,问从一对小兔子开始,$n(n \leqslant 46)$个月后能繁殖成多少对兔子?

解析:

这是一个递推问题,可以构造一个递推表,如表 5-1 所示。

表 5-1 兔子问题递推表

时间/月	小兔/对	大兔/对	总数/对
1	1	0	1
2	0	1	1
3	1	1	2
4	1	2	3
5	2	3	5
6	3	5	8
7	5	8	13
8	8	13	21

从表 5-1 可得每月的兔子总数构成如下数列:

$$1,1,2,3,5,8,13,21,\cdots\cdots$$

可以发现此数列的规律:第 1、2 项是 1,从第 3 项起,每一项都是前两项的和。因此,可得递归式如下。

$$f(n)=\begin{cases}1, & n=1,2\\ f(n-1)+f(n-2), & n>2\end{cases}$$

根据递归式,容易写出求斐波那契数列第 n 项的递归函数,具体如下。

```python
def f(n):                          #递归函数求斐波那契数列第 n 项
    if n==1 or n==2:               #递归出口
        return 1
    else:
        return f(n-1)+f(n-2)       #递归调用

n=int(input())
res=f(n)
print(res)
```

运行结果如下。

```
10 ↵
55
```

若在本地运行时输入 n 为 40,则程序需运行较长的时间才能得到结果,若在线提交一般将得到超时反馈。这是因为在 f 函数的调用过程中有大量的重复计算,例如 $f(6)$ 的递归调用过程如图 5-2 所示。

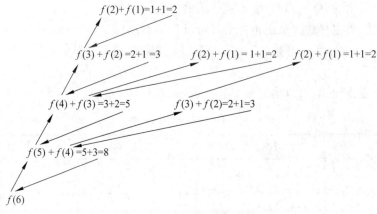

图 5-2 $f(6)$ 递归调用过程

为了提高递归函数的执行效率,可以考虑在递归调用过程中,把已经计算出来的结果保存起来,在之后递归计算前先判断需用的项的结果是否已保存,若是则直接取出来,否则再递归计算。这种在递归求解过程把中间结果保存起来以避免重复计算的方法称为记忆化搜索。具体代码如下。

```python
N=47                               #下标从 1 开始,最多计算到第 46 项
s=[0]*N                            #初值都为 0,表示结果尚未计算出来
```

```
def f(n):
    if n==1 or n==2:
        if s[n]==0: s[n]=1
    elif s[n]==0:                    #若第 n 项未计算过,则递归计算
        s[n]=f(n-1)+f(n-2)
    return s[n]                      #返回调用结果


n=int(input())
res=f(n)
print(res)
```

运行结果如下。

```
46↵
1836311903
```

在线做题时经常是多组测试的,设控制结构为 T 组测试,当 T 较大时,若每输入一个 n 就重新去计算一次则依然可能导致超时。为了避免在线做题超时,可以把斐波那契数列的所有项一次性算出来存放在列表中,输入数据后直接从列表中把结果取出来。具体代码如下。

```
N=1020                              #下标从 1 开始,最多计算到第 1020 项
s=[0] * (N+1)                       #初值都为 0,表示结果尚未计算出来
def f(n):
    if s[n]==0:                     #若第 n 项未计算过,则递归计算
        if n==1 or n==2:            #递归出口结果为 1
            s[n]=1
        else:
            s[n]=f(n-1)+f(n-2)      #按递归方程进行递归计算
    return s[n]                     #返回第 n 项

f(N)                                #一次性将 1000 项结果计算出来存在 s 列表中
T=int(input())
while T:
    T-=1
    n=int(input())
    print(s[n])                     #直接从列表 s 中取得结果输出
```

运行结果如下。

```
2↵
40↵
102334155
46↵
1836311903
```

另外，也可以采用迭代法求解以避免递归法求解时因大量重复计算或递归深度过大而导致程序运行效率低、在线提交得到超时反馈。

例 5.4.4 快速幂

输入两个整数 a、b，如何高效地计算 a^b？

解析：

若 $b=32$，设 $s=1$，则用循环"for i in range(b) s *= a"将需要运算 32 次。

如果用二分法，则可以按 $a^{32} \to a^{16} \to a^8 \to a^4 \to a^2 \to a^1 \to a^0$ 的顺序来分析，在计算出 a^0 后可以倒过去计算出 a^1 直到 a^{32}。这与递归函数的执行过程是一致的，因此可以用递归方法求解。

二分法计算 a^b 的要点举例说明如下。

（1）$b=10$，$a^b = a^{10} = a^5 * a^5$。

（2）$b=11$，$a^b = a^{11} = a^5 * a^5 * a$。

可见，计算 a^b 时根据 b 的奇偶性来做不同的计算，又因 $a^0=1$，故递归式如下。

$$a^b = \begin{cases} 1, & b=0 \\ a^{b/2} \cdot a^{b/2}, & b\%2=0 \\ a^{b/2} \cdot a^{b/2} \cdot a, & b\%2=1 \end{cases}$$

根据递归式可以方便地实现递归函数。为减少重复计算从而提高程序执行效率，可以先计算 $a^{b/2}$ 并存入临时变量中，具体代码如下。

```python
def f(a,b):
    if b==0:                        #递归出口
        return 1
    else:
        t=f(a,b//2)                 #递归调用，用 t 暂存递归调用的结果，注意取整除//
        if b%2==0: return t*t       #b 为偶数的情况
        else: return t*t*a          #b 为奇数的情况

m,n=map(int,input().split())
res=f(m,n)
print(res)
```

运行结果如下。

```
2 10↵
1024
```

例 5.4.5 Hanoi 塔问题

设 A、B、C 是三个塔座。开始时，在塔座 A 上有 $n(1 \leqslant n \leqslant 64)$ 个圆盘，这些圆盘自下而上、由大到小地叠在一起。例如，3 个圆盘的 Hanoi 塔问题初始状态如图 5-3 所示。现在要求将塔座 A 上的这些圆盘借助塔座 B 移到塔座 C 上，并仍按同样顺序叠放。在移到圆盘时应遵守以下移动规则。

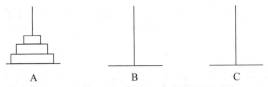

图 5-3　Hanoi 塔问题示意图（3 个圆盘）

规则 1：每次只能移动一个圆盘；

规则 2：任何时刻都不允许将较大的圆盘压在较小的圆盘之上；

规则 3：在满足移动规则 1 和规则 2 的前提下，可将圆盘移至 A、B、C 中任何一塔座上。

解析：

设 a_n 表示 n 个圆盘从一个塔座全部转移到另一个塔座的移动次数，显然有 $a_1=1$。当 $n \geqslant 2$ 时，要将塔座 A 上的 n 个圆盘全部转移到塔座 C 上，可以采用以下步骤：

(1) 把塔座 A 上的 $n-1$ 个圆盘转移到塔座 B 上，移动次数为 a_{n-1}；

(2) 把塔座 A 上的最后一个大圆盘转移到塔座 C 上，移动次数为 1；

(3) 把塔座 B 上的 $n-1$ 个圆盘转移到塔座 C 上，移动次数为 a_{n-1}。

经过这些步骤后，塔座 A 上的 n 个圆盘就全部转移到塔座 C 上。

由组合数学的加法规则，移动次数为 $2a_{n-1}+1$。计算总的移动次数的递归关系式如下。

$$a_n = \begin{cases} 1, & n=1 \\ 2a_{n-1}+1, & n>1 \end{cases}$$

求解该递归关系式，可得 $a_n=2^n-1$。例如：

当 $n=3$，移动 7 次；

当 $n=4$，移动 15 次；

……

当 $n=64$，移动 $2^{64}-1=18\,446\,744\,073\,709\,551\,615$ 次，设每秒移动一次，完成所有 64 个圆盘的移动需要 $18\,446\,744\,073\,709\,551\,615/(365 \times 24 \times 60 \times 60)/100\,000\,000 \approx 5849.42$ 亿年。

如果想知道具体是如何移动的，可以根据前面的步骤，把每次只有 1 个圆盘时的移动情况输出（调用下面的 move 函数）。模拟 Hanoi 塔问题中圆盘移动过程的具体程序如下。

```
def move(a,b):                    #输出移动状态
    print(a,'-->',b, sep='')

def hanoi(n,a,b,c):               #借助b，把n个圆盘从a移动到c
    if n==1:                      #只有一个圆盘时直接移动
        move(a,c)
    else:
        hanoi(n-1,a,c,b)          #借助c，把n-1个圆盘从a移动到b
        move(a,c)                 #最后一个圆盘直接移动
```

```
        hanoi(n-1,b,a,c)              #借助 a,把 n-1 个圆盘从 b 移动到 c

n=int(input())
hanoi(n,'A','B','C')
```

运行结果如下。

```
3↵
A-->C
A-->B
C-->B
A-->C
B-->A
B-->C
A-->C
```

若要输出总的移动次数,则该如何修改以上代码? 若要输出移动的圆盘号,则又该如何修改以上代码? 具体代码留给读者自行思考后实现。

5.5 在线题目求解

例 5.5.1 验证哥德巴赫猜想

哥德巴赫猜想之一是指一个偶数(2 除外)可以拆分为两个素数之和。请验证这个猜想。

因为同一个偶数可能可以拆分为不同的素数对之和,这里要求结果素数对彼此最接近。

输入格式:

首先输入一个正整数 T,表示测试数据的组数,然后输入 T 组测试数据。每组测试输入一个偶数 $n(6 \leqslant n \leqslant 10\,000)$。

输出格式:

对于每组测试,输出两个彼此最接近的素数 a、$b(a \leqslant b)$,两个素数之间留一个空格。

输入样例:	输出样例:
2	13 17
30	17 23
40	

解析:

本题可以先写一个判断某个正整数是否是素数的函数,然后循环变量 i 从 $n//2$ 处开始到 2 进行循环(请读者思考为什么),若发现 $i(\leqslant n//2)$ 和 $n-i(\geqslant n//2)$ 同时是素数则得到结果并结束循环。具体代码如下。

```
def isPrime(n):                        #判断素数的函数
    if (n<2):
        return False
    m=int(n**0.5)
    for i in range(2,m+1):
        if n%i==0:
            return False
    return True

T=int(input())
for t in range(T):
    n=int(input())
    for i in range(n//2,1,-1):        #i从n//2到2循环,若i与n-i都是素数,则输出并结束
        if isPrime(i)==True and isPrime(n-i)==True:
            print(i,n-i)
            break
```

运行结果如下。

```
3 ↵
100 ↵
47 53
50 ↵
19 31
20 ↵
7 13
```

对于请读者思考的问题,因为两个素数的差值 $d=(n-i)-i=n-2i$,当 $i(\leqslant n//2)$ 越大时 d 越小($i=n//2$ 时,$d=0$),所以循环变量 i 从 $n//2$ 处开始到 2 进行循环即可。

例 5.5.2   素数的排位

已知素数序列为 $2,3,5,7,11,13,17,19,23,29,\cdots$,即第 1 个素数是 2,第 2 个素数是 3,第 3 个素数是 5……

那么,对于输入的一个任意整数 n,若是素数,能确定是第几个素数吗? 若不是素数,则输出 0。

输入格式:

测试数据有多组,处理到文件尾。每组测试输入一个正整数 $n(1\leqslant n\leqslant 1\,000\,000)$。

输出格式:

对于每组测试,输出占一行,如果输入的正整数 n 是素数,则输出其排位,否则输出 0。

输入样例:	输出样例:
13	6
15	0

来源：

ZJUTOJ 1341

解析：

本题可以利用例 5.5.1 的 isPrime 函数及空间换时间的思想一次性把各个素数的排位计算出来放在列表中，输入数据时再直接从列表中取结果输出。但这种方法对每个数都要调用 isPrime 函数，效率依然较低。若用筛选法的思想，则能较好地提高效率。因此，可改写筛选法的代码，使筛选和排位同时进行。具体代码如下。

```
N=1000000
index=[1]*(N+1)                     #若i非素数则index[i]=0,否则index[i]为其排位
def init():                         #根据筛选法的思想确定各个素数的排位或筛去素数的倍数
    index[0]=index[1]=0             #筛去0、1
    cnt=1                           #排位计数器
    for i in range(2,N+1):          #对2到N的每个数,确定素数的排位或筛去该数
        if index[i]==0:continue     #若i不是素数,则不需要用i作为因子去筛其倍数
        index[i]=cnt                #若i是素数,则index[i]填上排位
        cnt+=1                      #排位计数器加1
        for j in range(i*i,N+1,i):  #从i的平方开始,把i的倍数筛去
            index[j]=0

init()                              #输入前调用一次把所有结果计算到index列表中

try:
    while True:
        n=int(input())
        print(index[n])            #输入n后直接从index列表中取得结果并输出
except EOFError: pass
```

运行结果如下。

```
13↵
6
6↵
0
5↵
3
```

例 5.5.3 母牛问题

设想一头小母牛从第 4 个年头开始每年生育一头小母牛。现有一头小母牛，按照此设想，第 n 年时有多少头母牛？

输入格式：

测试数据有多组，处理到文件尾。每组测试输入一个正整数 $n(1 \leqslant n \leqslant 40)$。

输出格式：

对于每组测试,输出第 n 年时的母牛总数。

| 输入样例：
15 | 输出样例：
129 |

来源：

ZJUTOJ 1182

解析：

本题也是一道递推题,递推表如表 5-2 所示。

表 5-2　母牛问题递推表

时间/年	小牛	中牛	大牛	总　　数
1	1	0	0	1
2	0	1	0	1
3	0	0	1	1
4	1	0	1	2
5	1	1	1	3
6	1	1	2	4
7	2	1	3	6
8	3	2	4	9
9	4	3	6	13
10	6	4	9	19

根据表 5-2,可以得到如下数列:

$$1,1,1,2,3,4,6,9,13,19,\cdots$$

观察数列,可得递归式如下所示:

$$f(n)=\begin{cases}1, & n=1,2,3\\ f(n-1)+f(n-3), & n\geqslant 4\end{cases}$$

根据递归式,容易写出递归函数。具体代码如下。

```
def f(n):                        #定义递归函数
    return 1 if n<4 else f(n-1)+f(n-3)

try:
    while True:
        n=int(input())
        print(f(n))              #调用递归函数
except EOFError:pass
```

运行结果如下。

```
10 ↵
19
20 ↵
872
```

读者不妨再观察数列，尝试找到其他的递归式并编程实现。

例 5.5.4　特殊排序

输入一个整数 n 和 n 个各不相等的非负整数，将这些整数从小到大进行排序，要求奇数在前，偶数在后。

输入格式：

首先输入一个正整数 T，表示测试数据的组数，然后输入 T 组测试数据。每组测试先输入一个整数 $n(1<n<100)$，再输入 n 个非负整数。

输出格式：

对于每组测试，在一行上输出根据要求排序后的结果，数据之间留一个空格。

```
输入样例：             输出样例：
3                     1 3 5 2 4
5 1 2 3 4 5           5 4 12
3 12 4 5              1 0 2 4 6 8
6 2 4 6 8 0 1
```

解析：

将 n 个数输入到列表 a 中，通过列表的 sort 方法实现排序，指定其参数 key 为 lambda 匿名函数："lambda x:(x%2==0，x)"。该匿名函数以 x 为参数，返回元组$(x\%2==0$，$x)$，若 x 为奇数，则该元组为(False，x)；若 x 为偶数，则该元组为(True，x)。将该匿名函数赋给列表 sort 方法的 key 参数，则对列表中的每个元素都按该匿名函数得到一个元组，然后 sort 方法按各个元素对应的元组值进行从小到大排序；因 False 小于 True，故奇数排在偶数之前，而在奇偶性相同的情况下，数值小者排在数值大者之前。具体代码如下。

```python
T=int(input())
for i in range(T):
    n,*a=map(int,input().split())
    a.sort(key=lambda x:(x%2==0, x))        #使用列表的 sort 方法
    print(*a)
```

运行结果如下。

```
3 ↵
5 1 2 3 4 5 ↵
1 3 5 2 4
3 12 4 5 ↵
5 4 12
```

```
6 2 4 6 8 0 1↵
1 0 2 4 6 8
```

也可调用内置函数 sorted 对列表排序,只需将上述代码中的排序语句改为如下语句。

```
a=sorted(a, key=lambda x:(x%2==0, x))
```

若希望在奇偶性相同的情况下,按 x 本身的值从大到小排序,则匿名函数可定义如下。

```
lambda x:(x%2==0, -x)          #返回元组
```

或

```
lambda x:[x%2==0, -x]          #返回列表
```

例 5.5.5 平方和排序

输入 N 个非负整数,要求按各个整数的各数位上数字的平方和从小到大排序,若平方和相等则按数值从小到大排序。

例如,3 个整数 9、31、13 各数位上数字的平方和分别为 81、10、10,则排序结果为 13、31、9。

输入格式:

测试数据有多组。每组数据先输入一个整数 $N(0<N<100)$,然后输入 N 个非负整数。若 $N=0$,则输入结束。

输出格式:

对于每组测试,在一行上输出按要求排序后的结果,数据之间留一个空格。

输入样例:	输出样例:
9 12 567 91 33 657 812 2221 3 77 0	12 3 2221 33 812 91 77 567 657

来源:

```
ZJUTOJ 1038
```

解析:

本题排序调用列表的成员函数 sort,其 key 参数为 lambda 匿名函数。方便起见,写一个 sumSq 函数求一个整数各数位上数字的平方和,则 lambda 匿名函数可定义为"lambda x:[sumSq(x), x]",将该函数赋给列表 sort 方法的 key 参数,表示先按平方和从小到大排序,若平方和相等,则按数值本身从小到大排序。具体代码如下。

```
def sumSq(n):
    s=0
    while n>0:
        t=n%10
        s+=t**2
        n//=10
    return s


while True:
    n=int(input())
    if n==0: break
    a=list(map(int,input().split()))
    a.sort(key=lambda x: [sumSq(x), x])
    print(*a)
```

运行结果如下。

```
5↵
1 3 11 33 9↵
1 11 3 33 9
0↵
```

因整数 n 的各数位上数字的平方和可用内置函数 sum 按生成式求得,故本题代码可简化如下。

```
while True:
    n=int(input())
    if n==0: break
    a=list(map(int,input().split()))
    a.sort(key=lambda x: [sum(int(it)**2 for it in str(x)), x])
    print(*a)
```

习　　题

一、选择题

1. Python 语言中自定义函数的关键字是(　　)。

    A. class　　　　　　B. return　　　　　　C. def　　　　　　D. for

2. Python 语言中的自定义函数若未用 return 语句返回值,则该函数返回的是(　　)。

    A. 随机数　　　　　B. None　　　　　　C. 0　　　　　　D. 不确定

3. 被调函数返回给主调函数的值称为(　　)。

    A. 形参　　　　　　B. 实参　　　　　　C. 返回值　　　　D. 参数

4. 关于 Python 语言中的自定义函数,下列说法错误的是(　　)。

A. 函数可以嵌套调用

B. 函数可以嵌套定义

C. 函数的参数不需要指定类型

D. 无参函数定义可以省略函数名后的括号

5. 以下代码段不可能输出的是（　　）。

```
from random import *
a=randint(10,20)
print(a)
```

A. 10   B. 15   C. 20   D. 25

6. 被调函数通过（　　）语句，将值返回给主调函数。

A. return   B. for   C. while   D. if

7. 以下代码段的执行结果为（　　）。

```
def f(a, b=3, c=5):
    return a+b**2+c**3
print(f(b=4, a=2), f(3, 8), f(7, 2, 3))
```

A. 143 192 38   B. 192 143 38   C. 38 143 192   D. 语句出错

8. 以下代码段的执行结果为（　　）。

```
def f(b):
    b[1]=5

a=[0,1,2,3]
f(a)
print(a)
```

A. [5,1,2,3]   B. [0,1,2,3]   C. [0,5,2,3]   D. 以上都不对

9. 以下代码段的执行结果为（　　）。

```
def f(b):
    b=5

a=[0,1,2,3]
f(a[1])
print(a)
```

A. [5,1,2,3]   B. [0,1,2,3]   C. [0,5,2,3]   D. 以上都不对

10. 递归函数的两个要素是（　　）。

A. 函数头、函数体   B. 递归出口、边界条件

C. 边界条件、递归方程   D. 递归式、递归方程

11. 以下代码段的执行结果为（   ）。

```
def f(n):
    if n<3:
        return n
    else:
        return f(n-1)+f(n-2)

print(f(8))
```

A. 34   B. 21   C. 13   D. 以上都不对

12. 下列关于列表名作为函数参数的说法错误的是（   ）。

A. 参数传递时，把实参列表的引用传递给形参列表

B. 在函数调用期间，形参列表的改变就是实参列表的改变

C. 通过列表名作为函数参数，可以达到返回多个值的目的

D. 在函数调用期间，形参列表和实参列表是不同的

13. 以下代码段的执行结果为（   ）。

```
m=3
def f():
    global m
    m=1
f()
print(m)
```

A. 3   B. 1   C. 随机数   D. 以上都不对

二、在线编程题

1. 进制转换

将十进制整数 $n(-2^{31} \leqslant n \leqslant 2^{31}-1)$ 转换为 $k(2 \leqslant k \leqslant 16)$ 进制数。注意，$10 \sim 15$ 分别用字母 A、B、C、D、E、F 表示。

输入格式：

首先输入一个正整数 T，表示测试数据的组数，然后输入 T 组测试数据。每组测试数据输入两个整数 n 和 k。

输出格式：

对于每组测试，先输出 n，然后输出一个空格，最后输出对应的 k 进制数。

输入样例：	输出样例：
3	123 7B
123 16	0 0
0 5	-12 -1100
-12 2	

2. 整数转换为字符串

将一个整数 n 转换为字符串。例如，输入 483，应得到字符串"483"。其中，要求用一个递归函数实现把一个正整数转换为字符串。

输入格式：

测试数据有多组，处理到文件尾。每组测试数据输入一个整数 $n(-2^{31} \leqslant n \leqslant 2^{31}-1)$。

输出格式：

对于每组测试，输出转换后的字符串。

输入样例：	输出样例：
1234	1234

3. 多个数的最小公倍数

两个整数公有的倍数称为它们的公倍数，其中最小的一个正整数称为它们两个的最小公倍数。当然，n 个数也可以有最小公倍数，例如：5、7、15 的最小公倍数是 105。

输入 n 个数，请计算它们的最小公倍数。

输入格式：

首先输入一个正整数 T，表示测试数据的组数，然后输入 T 组测试数据。

每组测试先输入一个整数 $n(2 \leqslant n \leqslant 20)$，再输入 n 个正整数（属于 $[1, 100\ 000]$ 范围内）。这里保证最终的结果在 $[-2^{31}, 2^{31}-1]$ 范围内。

输出格式：

对于每组测试，输出 n 个整数的最小公倍数。

输入样例：	输出样例：
2	105
3 5 7 15	60
5 1 2 4 3 5	

4. 互质数

若两个正整数的最大公约数为 1，则它们是互质数。要求编写函数判断两个整数是否是互质数。

输入格式：

首先输入一个正整数 T，表示测试数据的组数，然后输入 T 组测试数据。每组测试先输入一个整数 $n(1 \leqslant n \leqslant 100)$，再输入 n 行，每行有一对整数 a、$b(0 < a, b < 10^9)$。

输出格式：

对于每组测试数据，输出有多少对互质数。

输入样例：	输出样例：
1	2
2	
3 11	
5 11	

5. 最长的单词

输入一个字符串,将此字符串中最长的单词输出。要求至少使用一个自定义函数。

输入格式:

测试数据有多组,处理到文件尾。每组测试数据输入一个字符串(长度不超过 80)。

输出格式:

对于每组测试,输出字符串中的最长单词,若有多个长度相等的最长单词,输出最早出现的那个。这里规定,单词只能由大小写英文字母构成。

输入样例:	输出样例:
Keywords insert, two way insertion sort, Abstract This paper discusses three method for two way insertion	insertion discusses

6. 按 1 的个数排序

对于给定若干由 0、1 构成的字符串(长度不超过 80),要求将它们按 1 的个数从小到大排序。若 1 的个数相同,则按字符串本身从小到大排序。要求至少使用一个自定义函数。

输入格式:

测试数据有多组,处理到文件尾。对于每组测试,首先输入一个整数 n($1 \leqslant n \leqslant 100$),然后输入 n 行,每行包含一个由 0、1 构成的字符串。

输出格式:

对于每组测试,输出排序后的结果,每个字符串占一行。

输入样例:	输出样例:
3 10011111 00001101 1010101	00001101 1010101 10011111

7. 按日期排序

输入若干日期,按日期从小到大排序。

输入格式:

本题只有一组测试数据,且日期总数不超过 100 个。按 MM/DD/YYYY(月/日/年,其中月份、日份各 2 位,年份 4 位)的格式逐行输入若干日期。

输出格式:

按 MM/DD/YYYY 的格式输出已从小到大排序的各个日期,每个日期占一行。

输入样例:	输出样例:
12/31/2020 10/21/2021 02/12/2021 07/16/2009 01/01/2021	07/16/2009 12/31/2020 01/01/2021 02/12/2021 10/21/2021

来源：

ZJUTOJ 1045

8. 旋转方阵

对于一个奇数 n 阶方阵，请给出经过顺时针方向 m 次旋转后的结果。每次旋转 $90°$。

输入格式：

测试数据有多组，处理到文件尾。每组测试的第一行输入 2 个整数 n、m（$1 < n < 20$，$1 \leq m \leq 100$），接下来输入 n 行数据，每行 n 个整数。

输出格式：

对于每组测试，输出奇数阶方阵经过 m 次顺时针方向旋转后的结果。每行中各数据之间留一个空格。

输入样例：	输出样例：
3 2	6 1 8
4 9 2	7 5 3
3 5 7	2 9 4
8 1 6	

9. 求矩阵中的逆鞍点

求出 $n \times m$ 二维整数列表中的所有逆鞍点。这里的逆鞍点是指在其所在的行上最大，在其所在的列上最小的元素。若存在逆鞍点，则输出所有逆鞍点的值及其对应的行、列下标。若不存在逆鞍点，则输出 Not。要求至少使用一个自定义函数。

输入格式：

测试数据有多组，处理到文件尾。每组测试的第一行输入 n 和 m（都不大于 100），从第二行开始的 n 行每行输入 m 个整数。

输出格式：

对于每组测试，若存在逆鞍点，则按行号从小到大、同一行内按列号从小到大的顺序逐行输出每个逆鞍点的值和对应的行、列下标，各行每两个数据之间一个空格；若不存在逆鞍点，则输出 Not。

输入样例：	输出样例：
3 3	85 1 0
97 66 96	
85 36 35	
88 67 91	

10. 数字螺旋方阵

已知 $n = 5$ 时的螺旋方阵如输出样例所示。输入一个正整数 n，要求输出 $n \times n$ 个数字构成的螺旋方阵。

输入格式：

首先输入一个正整数 T，表示测试数据的组数，然后是 T 组测试数据。每组测试输入

一个正整数 n($n \leqslant 20$)。

输出格式：

对于每组测试，输出 $n \times n$ 的数字螺旋方阵。各行中的每个数据按 4 位宽度输出。

输入样例：
1
5

输出样例：

```
 25  24  23  22  21
 10   9   8   7  20
 11   2   1   6  19
 12   3   4   5  18
 13  14  15  16  17
```

第6章 类与对象

6.1 引 例

例 6.1.1 进步排行榜

假设每个学生信息包括用户名、进步总数和解题总数。解题进步排行榜中,按进步总数及解题总数生成排行榜。要求先输入 n 个学生的信息;然后按进步总数降序排列;若进步总数相同,则按解题总数降序排列;若进步总数和解题总数都相同,则排名相同,但输出信息时按用户名升序排列。

输入格式:

首先输入一个整数 T,表示测试数据的组数,然后输入 T 组测试数据。每组测试数据先输入一个正整数 $n(1 < n < 50)$,表示学生总数。然后输入 n 行,每行包括一个不含空格的字符串 s(不超过 8 位)和 2 个正整数 d 和 t,分别表示用户名、进步总数和解题总数。

输出格式:

对于每组测试,输出最终排名。每行一个学生的信息,分别是排名、用户名、进步总数和解题总数。每行的各个数据之间留一个空格。若进步总数和解题总数都相同则排名也相同,否则排名为排序后相应的序号。

输入样例:	输出样例:
1	1 usx15113 31 124
6	2 usx15117 27 251
usx15131 21 124	3 usx15101 27 191
usx15101 27 191	4 usx15118 21 124
usx15113 31 124	4 usx15131 21 124
usx15136 18 199	6 usx15136 18 199
usx15117 27 251	
usx15118 21 124	

解析:

本题可用多种方法求解,一种方法是采用字典列表,将每个学生信息作为一个字典处理。另一种方法是用类把学生信息作为一个整体组织在一起,再把每个学生作为一个类对象,则所有学生构成一个类对象列表。这种方法先定义一个类 S,包含用户名 name、进步总数 diff、解题总数 solved 三个数据成员(属性),再依题意指定类对象列表的 sort 方法的 key 参数为 lambda 匿名函数"lambda x:(-x.diff, -x.solved, x.name)"。排名处理方面,设排名变量 r 初值为 1,可在排好序之后先输出第一个人的排名及其 name、diff、solved,从第二个人开始比较前后两个元素的 diff、solved，若 diff 或 solved 不同，则将排名变量 r 更新为该元素排序后的序号。具体代码如下。

```
class S:                              #定义类 S,使用关键字 class
    def __init__(self, na, dif, sol): #通过类成员函数 __init__ 创建类的各数据成员
        self.name=na                  #创建用户名 name 数据成员
        self.diff=dif                 #创建进步总数 diff 数据成员
        self.solved=sol               #创建解题总数 solved 数据成员

T=int(input())
for i in range(T):
    a=[]
    n=int(input())
    for j in range(n):
        s,d,t=input().split()
        a.append(S(s, int(d), int(t)))   #创建类对象并添加到列表中
    a.sort(key=lambda x:(-x.diff,-x.solved,x.name))
    r=1                               #置排名变量 r 的初值为 1
    for j in range(n):                #逐个输出排序后的每个学生的排名及其信息
        #若后一个元素的 diff 或 solved 与前一元素不同,则更新排名变量 r 为序号
        if j>0 and (a[j].diff!=a[j-1].diff or a[j].solved!=a[j-1].solved):
            r=j+1
        print(r, a[j].name, a[j].diff, a[j].solved)
```

运行结果如下。

```
1
6
usx15131 21 124
usx15101 27 191
usx15113 31 124
usx15136 18 199
usx15117 27 251
usx15118 21 124
1 usx15113 31 124
2 usx15117 27 251
3 usx15101 27 191
4 usx15118 21 124
4 usx15131 21 124
6 usx15136 18 199
```

类可以理解为一种用户自定义类型，通过使用类可以有组织地把不同数据类型的数据信息存放在一起，也便于实现链表结构。类变量（对象）成员通过成员运算符"."访问。

对于本例,读者先理解如何用类把不同类型的信息构成为一个整体及如何用类对象列表编程即可。若读者对于本例代码还有疑惑之处,则可在学完本章后续知识后再进一步理解。

6.2 类与对象的基础知识

6.2.1 类的定义及对象的创建与使用

类的定义需用关键字 class 开头,格式如下。

```
class 类名:
    def __init__(self[, 参数 1, 参数 2, … , 参数 n]):
        self.数据成员 1=参数 1 或 初值 1
        self.数据成员 2=参数 2 或 初值 2
        …
        self.数据成员 n=参数 n 或 初值 n
    [其他成员函数定义]
```

在类中,__init__(init 的前后各有两个下画线)是一个特殊的初始化成员函数(方法),在创建类对象时自动调用(类似于 C++ 等语言中的构造函数),通过传入的参数或指定的初值给自身对象 self 的各个数据成员赋值从而创建各个数据成员(属性)。创建类对象时无须提供 __init__ 函数的 self 参数,self 也可用其他合法的自定义标识符代替,但通常习惯如此命名。例如:

```
class S:
    def __init__(self):
        self.name="zhangSan"    #用指定值初始化成员 name
        self.age=18             #用指定值初始化成员 age
s=S()                           #不必提供 self 参数,自动调用 __init__ 函数创建对象 s
print("%s,%d" % (s.name,s.age))
```

运行结果如下。

```
zhangSan 18
```

上面的语句定义了一个学生类 S,包括字符串变量 name 和整型变量 age 两个数据成员。可见,类把不同类型的数据组合成一个整体。

类中还可以根据需要定义其他成员函数。

若类中的成员以两个下画线开头,则表示该成员是类的私有成员,不能在类外访问;若类成员以一个下画线开头,表示该成员是类的保护成员,可在类外访问;若类成员不以下画线开头,表示该成员是类的公有成员,可在类外访问。例如:

```
class St:
    # __init__函数一个类中仅有一个,第1个参数表示自身对象,其名可为任意合法用户标识符
    def __init__(obj,name,age):    #第1个参数表示自身对象,此处取名为 obj
        obj._name=name             #一个下画线开始的数据成员是保护成员
        obj.__age=age              #两个下画线开始的数据成员是私有成员
    def setAge(obj,age):           #成员函数 setAge,为私有成员 __age 赋值
        obj.__age=age
    def getAge(obj):               #成员函数 getAge,返回私有成员 __age 的值
        return obj.__age
    def setName(obj,name):         #成员函数 setName,为保护成员 _name 赋值
        obj._name=name
    def getName(obj):              #成员函数 getName,返回保护成员 _name 的值
        return obj._name
    def __test(obj):               #私有成员函数 __test,将成员 __age 的值增 1
        obj.__age+=1

s1=St("NoName",0)                  #自动调用 __init__ 函数,第一个实参不需要提供
#print(s1.__age)                   #此语句出错,__age 是私有成员,不能在类外访问
#s1.__test()                       #此语句出错,__test 是私有成员,不能在类外访问
print(s1._name)                    #_name 是保护成员,可在类外访问
s1._name="ZhangSan"                #可以在类外访问保护成员
s1.setAge(18)                      #通过成员函数访问私有成员
print(s1.getName(),s1.getAge())    #通过成员函数访问成员
s2=St("LiSi",19)                   #自动调用 __init__ 函数,第一个实参不需要提供
print(s2.getName(),s2.getAge())    #通过成员函数访问私有成员
```

运行结果如下。

```
NoName
ZhangSan 18
LiSi 19
```

__init__ 函数在一个类中只能有一个,否则调用时将造成混淆而产生运行错误,第 1 个参数表示自身对象,该参数名可以是任意合法用户标识符,这里取名为 obj。

"St("NoName",0)"创建一个 St 类型的对象,自动调用初始化函数 __init__,第 1 个参数 obj 不需要提供实参,实参"NoName"传递给 __init__ 函数定义中的第 2 个参数,实参 0 传递给 __init__ 函数定义中的第 3 个参数,完成数据成员 _name 和 __age 的创建。调用类中成员函数时,自身对象参数不需要提供,默认值参数也可不提供实参,因此若成员函数定义时有 n 个形参(有些可带默认值),则调用时最多仅需 $n-1$ 个实参。

对象的数据成员使用形式如下。

对象名.数据成员名

对象的成员函数使用形式如下。

> **对象名.成员函数名([实参列表])**

"."是成员选择运算符,也可称为属性运算符或成员运算符,在所有的运算符中优先级属于最高一级,其左边应该是一个对象。通过对象和成员运算符引用各个数据成员或成员函数,例如:

```
s1._name="ZhangSan"              #引用数据成员
s1.setAge(18)                    #引用成员函数
```

若前述代码中的语句"print(s1.__age)"未注释,将产生以下错误信息:

```
AttributeError: 'St' object has no attribute '__age'
```

若前述代码中的语句"s1.__test()"未注释,将产生以下错误信息:

```
AttributeError: 'St' object has no attribute '__test'
```

因为在类中,两个下画线开头的成员是私有成员,不能在类外访问。

对象可以整体赋值,例如:

```
s2=St("LiSi",19)
s3=s2                            #对象整体赋值
print(s3.getName(),s3.getAge()) #通过成员函数访问私有成员
```

运行结果如下。

```
LiSi 19
```

对象的输入输出通常按对象中的各个成员逐个进行。例如:

```
class Stu:
    def __init__(obj,no,name):
        obj.sno=no                  #数据成员 sno 表示学号
        obj.sname=name              #数据成员 sname 表示姓名

s=Stu("","")                        #创建一个对象 s
s.sno,s.sname=input().split()       #逐个输入 s 的各个成员
print(s.sno,s.sname)                #逐个输出 s 的各个成员
```

运行结果如下。

```
20200001 ZhangWuji↵
20200001 ZhangWuji
```

注意，若各个数据成员的类型不都是字符串，则可先用输入字符串的 split 方法得到一个列表，再逐个对列表元素进行必要的类型转换后作为参数创建对象。例如：

```
class Stud:
    def __init__(obj,no,name,age):
        obj.sno=no                  #数据成员 sno 表示学号
        obj.sname=name              #数据成员 sname 表示姓名
        obj.sage=age                #数据成员 sage 表示年龄

t=input().split()               #用输入字符串的 split() 创建列表 t
s=Stud(t[0],t[1],int(t[2]))     #sage 不是字符串，对 t[2]进行类型转换
print(s.sno,s.sname,s.sage)     #逐个输出 s 的各个成员
```

运行结果如下。

```
20200002 LiSi 19 ↵
20200002 LiSi 19
```

6.2.2 对象列表

对象列表是指列表中的各个元素都是对象的列表。例如，下面的代码定义了一个 Stud（类定义如 6.2.1 节所述）类对象列表 a：

```
a=[Stud("101","ZhouSan",18),Stud("102","LiSi",19),Stud("103","WuXi",17)]
```

对于对象列表，输出其各个元素是结合循环进行的，例如，下面的代码输出列表 a 的各个元素：

```
for i in range(len(a)):
    print(a[i].sno,a[i].sname,a[i].sage)
```

对象列表的输入，可以先定义一个空列表，然后在循环中输入数据到若干字符串变量中或用输入数据创建列表，再根据得到的若干字符串变量或列表元素作为对象的参数创建对象并用列表的成员函数 append 添加到列表中。例如：

```
a=[]                            #定义空列表
n=int(input())
for i in range(n):
    t=input().split()           #用输入数据创建一个列表 t
    #往列表中添加对象，该对象用列表 t 的各元素作为成员
    a.append(Stud(t[0],t[1],int(t[2])))

for i in range(n):
    print(a[i].sno,a[i].sname,a[i].sage)
```

运行结果如下。

```
3↵
101 ZhouSan 18↵
102 LiSi 19↵
103 WuXi 17↵
101 ZhouSan 18
102 LiSi 19
103 WuXi 17
```

注意，不要用运算符 * 复制同一对象来创建列表，否则列表中的各个元素都是同一个对象。例如：

```
n=int(input())
a=[Stud("","",0)]*n          #创建由 n 个对象 Stud("","",0)构成的列表 a
for i in range(n):
    t=input().split()        #用输入数据创建一个列表 t
    #为 a[i]的各个成员赋值
    a[i].sno,a[i].sname,a[i].sage=t[0],t[1],int(t[2])

for i in range(n):
    print(a[i].sno,a[i].sname,a[i].sage)
```

运行结果如下。

```
3↵
101 ZhouSan 18↵
102 LiSi 19↵
103 WuXi 17↵
103 WuXi 17
103 WuXi 17
103 WuXi 17
```

可见，输出的各个列表元素数据是一样的，因为用运算符 * 复制对象所创建列表的每个元素都是同一个对象，如以下代码运行所示：

```
n=int(input())
a=[Stud("","",0)]*n          #创建由 n 个对象 Stud("","",0)构成的列表 a
for i in range(n):
    t=input().split()        #用输入数据创建一个列表 t
    #为 a[i]的各个成员赋值
    a[i].sno,a[i].sname,a[i].sage=t[0],t[1],int(t[2])
for i in range(n):
    print(id(a[i]))
```

运行结果如下。

```
3↵
101 ZhouSan 18↵
102 LiSi 19↵
103 WuXi 17↵
32368072
32368072
32368072
```

6.3　类与对象的运用

例 6.3.1　平均成绩

第一行输入一个整数 $n(n<100)$，接下来输入 n 行，每行是一个学生的姓名及其 3 门功课成绩（整数），要求按输入的逆序逐行输出每个学生的姓名、3 门课成绩和平均成绩（保留 2 位小数）。每行的每两个数据之间留一个空格。若有学生平均成绩低于 60 分，则不输出该学生信息。

解析：

根据题意，可以定义一个包含姓名、3 门课成绩等数据成员的类。方便起见，平均成绩也可以作为一个数据成员。定义一个空列表并不断往其中添加对象从而构建对象列表，逆序输出对象数据时跳过平均分低于 60 的学生，并逐个数据成员输出。具体代码如下。

```
class S:                          #定义类 S
    def __init__(self,name,s1,s2,s3):
        self.name=name            #数据成员"姓名"name
        self.sc1=s1               #数据成员"第 1 门课成绩"sc1
        self.sc2=s2               #数据成员"第 2 门课成绩"sc2
        self.sc3=s3               #数据成员"第 3 门课成绩"sc3
        self.avg=(s1+s2+s3)/3     #数据成员"平均成绩"avg


n=int(input())
s=[]                              #创建空列表 s
for i in range(n):
    name, *a=input().split()      #用输入数据创建列表 a
    a=list(map(int, a))           #将字符串列表 a 转换为整型列表 a
    t=S(name,a[0],a[1],a[2])      #用输入的数据创建对象 t
    s.append(t)                   #往列表 s 中添加对象 t
for i in range(n-1,-1,-1):        #逆序输出,下标从 n-1 到 0
    if s[i].avg<60: continue      #平均分不及格则不处理
    #输出姓名、3 门课成绩、平均成绩(保留 2 位小数)
    print(s[i].name, s[i].sc1, s[i].sc2, s[i].sc3, "%.2f" % s[i].avg)
```

运行结果如下。

```
3 ↵
zhangsan 80 75 65 ↵
lisi 65 52 56 ↵
wangwu 87 86 95 ↵
wangwu 87 86 95 89.33
zhangsan 80 75 65 73.33
```

例 6.3.2　成绩排序

第一行输入一个整数 $n(n<100)$，接下来输入 n 行，每行是一个学生的姓名及其 3 门课成绩（整数），要求根据 3 门课的平均成绩从高分到低分输出每个学生的姓名、3 门课成绩及平均成绩（结果保留 2 位小数），若平均分相同则按姓名的字典序输出。

解析：

根据题意，每个学生对象应包含姓名及 3 门课成绩等成员，而平均成绩可以不作为成员。方便起见，把平均成绩作为一个成员。输入并创建对象列表的方法与例 6.3.1 相同，输出时在循环中逐个输出每个对象的各个成员即可。对象列表排序使用其成员函数 sort，但因为是对象列表，且涉及多关键字排序，可在类中重载小于成员函数 __lt__，在该函数中依题意表达比较规则即可。具体代码如下。

```
class S:                            #定义类 S
    def __init__(self,name,s1,s2,s3):
        self.name=name              #数据成员"姓名"name
        self.sc1=s1                 #数据成员"第 1 门课成绩"sc1
        self.sc2=s2                 #数据成员"第 2 门课成绩"sc2
        self.sc3=s3                 #数据成员"第 3 门课成绩"sc3
        self.avg=(s1+s2+s3)/3       #数据成员"平均成绩"avg
    def __lt__(a,b):                #重载小于成员函数 __lt__
        if a.avg!=b.avg:            #若平均成绩不等,则按平均成绩降序
            return a.avg>b.avg
        return a.name<b.name        #若姓名不等,则按姓名字典序

n=int(input())
s=[]                                #创建空列表 s
for i in range(n):
    name, * a=input().split()       #用输入数据创建列表 a
    a=list(map(int, a))            #将字符串列表 a 转换为整型列表 a
    t=S(name,a[0],a[1],a[2])       #用输入的数据创建对象 t
    s.append(t)                     #往列表 s 中添加对象 t
s.sort()
for i in range(n):                  #输出排序后的结果
    #输出,平均成绩保留 2 位小数
    print(s[i].name,s[i].sc1,s[i].sc2,s[i].sc3,"%.2f" % s[i].avg)
```

运行结果如下。

```
4 ↵
zhangsan 80 75 65 ↵
lisi 65 52 56 ↵
wangwu 87 86 95 ↵
Sunqi 81 60 79 ↵
wangwu 87 86 95 89.33
Sunqi 81 60 79 73.33
zhangsan 80 75 65 73.33
lisi 65 52 56 57.67
```

实际上，对于类对象列表的多关键字排序，也可在其 sort 方法中指定 key 参数为 lambda 匿名函数"lambda x:(-x.avg, x.name)"。具体代码如下。

```python
class S:                              #定义类 S
    def __init__(self,name,s1,s2,s3):
        self.name=name                #数据成员"姓名"name
        self.sc1=s1                   #数据成员"第 1 门课成绩"sc1
        self.sc2=s2                   #数据成员"第 2 门课成绩"sc2
        self.sc3=s3                   #数据成员"第 3 门课成绩"sc3
        self.avg=(s1+s2+s3)/3         #数据成员"平均成绩"avg

n=int(input())
s=[]                                  #创建空列表 s
for i in range(n):
    a=input().split()                 #用输入数据创建列表 a
    #用输入的数据创建对象 t
    t=S(a[0],int(a[1]),int(a[2]),int(a[3]))
    s.append(t)                       #往列表 s 中添加对象 t
s.sort(key=lambda x:(-x.avg, x.name))    #按平均成绩降序,若平均成绩相同则按姓名字典序
for i in range(n):                    #输出排序后的结果
    #输出,平均成绩保留 2 位小数
    print(s[i].name,s[i].sc1,s[i].sc2,s[i].sc3,"%.2f" %s[i].avg)
```

6.4　在线题目求解

例 6.4.1　解题排行

解题排行榜中，按解题总数生成排行榜。假设每个学生信息仅包括学号、解题总数，要求先输入 n 个学生的信息，然后按解题总数降序排列，若解题总数相同则按学号升序排列。

输入格式：

首先输入一个正整数 T，表示测试数据的组数，然后输入 T 组测试数据。

每组测试数据先输入一个正整数 $n(1 \leqslant n \leqslant 100)$，表示学生总数。然后输入 n 行，每行包括一个不含空格的字符串 s（不超过 8 位）和一个正整数 d，分别表示一个学生的学号和解

题总数。

输出格式：

对于每组测试数据，输出最终排名信息，每行一个学生的信息：排名、学号、解题总数。每行数据之间留一个空格。若解题总数相同则排名也相同，否则排名为排序后相应的序号。

输入样例：	输出样例：
1	1 0100 225
4	2 0001 200
0010 200	2 0010 200
1000 110	4 1000 110
0001 200	
0100 225	

解析：

首先设计类，根据题意对象包含两个成员，即学号 sno 和解题总数 solved；然后是排序，可直接使用列表的 sort 函数，并指定其 key 参数为 lambda 函数"lambda x：(－x.solved，x.sno)"，表明先按 solved 降序排列，若 solved 相同则按 sno 升序排列；最后是排名的处理，设排名变量 r 初值为 1，可以在按要求排好序之后先输出第 1 个人的排名及其 sno、solved，再从第 2 个人开始与前一个人的 solved 相比，若不等则 r 改为序号（下标加 1），否则 r 保持不变。具体代码如下。

```python
class S:
    def __init__(self, no, sol):    #类定义,成员包含学号 sno、解题总数 solved
        self.sno=no
        self.solved=sol


T=int(input())
for j in range(T):
    a=[]
    n=int(input())
    for i in range(n):              #创建对象列表
        no,sol=input().split()
        a.append(S(no, int(sol)))
    a.sort(key=lambda x:(-x.solved,x.sno))#列表 a 按 solved 降序、sno 升序排序
    r=1                            #排名变量,初值为 1
    for i in range(n):             #输出信息
        #若后者 solved 与前者不同,则排名为其序号
        if i>0 and a[i].solved!=a[i-1].solved: r=i+1
        print(r, a[i].sno, a[i].solved)
```

运行结果如下。

1↵

4↵

```
0010 200 ↵
1000 110 ↵
0001 200 ↵
0100 225 ↵
1 0100 225
2 0001 200
2 0010 200
4 1000 110
```

若已清楚地理解本题的解法，则可以自行思考例 6.1.1 如何求解并编程实现。若遇到问题，可查阅该例的代码并分析原因。

本题也可采用重载类成员函数 __lt__ 的方法求解，代码留给读者自行实现。

例 6.4.2　确定能否获奖

在某次竞赛中，判题规则是按解题数从多到少排序，在解题数相同的情况下，按总成绩（保证各不相同）从高到低排序，取排名前 60％ 的参赛队（四舍五入取整）获奖，请确定某个队能否获奖。

输入格式：

首先输入一个正整数 T，表示测试数据的组数，然后输入 T 组测试数据。每组测试的第一行输入一个整数 $n(1\leqslant n\leqslant 15)$ 和一个字符串 ms（长度小于 10 且不含空格），分别表示参赛队伍总数和想确定是否能获奖的某个队名；接下来的 n 行输入 n 个队的解题信息，每行一个字符串 s（长度小于 10 且不含空格）和 2 个整数 m、$g(0\leqslant m\leqslant 10,0\leqslant g\leqslant 100)$，分别表示一个队的队名、解题数、成绩。当然，$n$ 个队名中肯定包含 ms。

输出格式：

对于每组测试，若队名为 ms 的队伍能获奖，则输出 YES，否则输出 NO。

输入样例：	输出样例：
1	YES
3 team001	
team001 2 27	
team002 2 28	
team003 0 7	

解析：

本题排序直接调用对象列表的成员函数 sort，在类定义中根据题意"按解题数降序排序，在解题数相同时按总成绩降序排序"重载 __lt__ 函数。通过查找队名 ms 是否在排序后的前 60％（四舍五入取整）的队伍中出现，若是则输出 YES，否则输出 NO。通过调用内置函数 round 进行四舍五入取整。具体代码如下。

```python
class Team:
    def __init__(self,na,sol,sc):        #创建数据成员 name、solved、score
        self.name=na
        self.solved=sol
```

```
            self.score=sc
        def __lt__(self,other):              #重载成员函数__lt__
            if self.solved!=other.solved:    #若 solved 不同,则按 solved 降序
                return self.solved>other.solved
            return self.score>other.score   #若 solved 相同,则按 score 降序


T=int(input())
for i in range(T):
    a=[]
    n,ms=input().split()
    n=int(n)
    for i in range(n):                       #根据输入数据创建对象列表
        s,m,g=input().split()
        a.append(Team(s,int(m),int(g)))
    a.sort()
    k=round(0.6*n)                           #四舍五入
    for i in range(k):
        if a[i].name==ms:                    #若找到,则输出 YES 并结束循环
            print("YES")
            break
    else:                                    #若未找到,则输出 NO
        print("NO")
```

运行结果如下。

```
2 ↵
3 team001 ↵
team001 2 27 ↵
team002 2 28 ↵
team003 0 7 ↵
YES
3 team003 ↵
team001 2 27 ↵
team002 2 28 ↵
team003 0 7 ↵
NO
```

例 6.4.3 乒乓球赛排名

在某次校乒乓球赛中,采用"胜者得 3 分,败者得 1 分"的计分规则。请根据各人总得分从高到低进行排名,若总得分相同,则排名也相同,但输出时按姓氏的字典序输出。

输入格式:

首先输入一个正整数 T,表示测试数据的组数,然后输入 T 组测试数据。每组测试先输入一个整数 $n(2{\leqslant}n{\leqslant}10)$,表示参赛人数,然后输入 $n*(n-1)/2$ 行,每行输入两个姓氏 A、B(长度都不超过 5,且都不含空格),表示该场比赛 A 胜了 B。

输出格式：

对于每组测试，按名次分行输出，名次与名字之间以一个空格间隔，并列名次的名字按字典序在同一行输出，每行的每两个数据之间以一个空格间隔。

输入样例：	输出样例：
2	1 Wang
3	2 Huang
Huang Han	3 Han
Wang Huang	1 Huang Qian Wang
Wang Han	4 Han
4	
Huang Han	
Wang Huang	
Wang Han	
Qian Han	
Qian Wang	
Huang Qian	

解析：

先考虑类的设计，因每个选手包含姓氏和得分，这两者构成一个整体，所以类只需包含两个成员，即一个姓氏和一个得分。本题先在类中根据题意重载 __lt__ 函数，再对类对象列表使用 sort 方法完成排序。排序之前需先计算每位选手的总得分，可根据比赛结果查找每位选手是否在此前已经出现过，若未出现过，则将其放到列表最后并计算得分，否则仅需计算得分。方便起见，定义一个查找函数 find，每输入一次比赛结果时分别对两个选手调用该函数。排名输出处理：先输出第一个选手，然后在输出后面的选手之前先看其得分是否与前一个选手不同，若不同则排名为其序号且在下一行输出，否则排名不变并在同一行输出。具体代码如下。

```python
class Player:                          #类定义
    def __init__(s,name):
        s.name=name                    #数据成员"姓氏"name
        s.score=0                      #数据成员"成绩"score
    def __lt__(x,y):
        if x.score!=y.score:
            return x.score>y.score
        return x.name<y.name

#查找函数,在列表 a 中查找数据成员 name 等于参数 sname 的元素,若找到则返回其下标
#否则返回-1
def find(a,sname):
    n=len(a)
    for i in range(n):
        if a[i].name==sname: return i
    return -1
```

```
T=int(input())
for t in range(T):
    n=int(input())
    m=n*(n-1)//2
    a=[]
    for i in range(m):                    #输入数据,创建对象并计算得分
        name1,name2=input().split()
        k1=find(a,name1)                  #查找 name1,若找到则返回下标,否则返回-1
        if k1>=0:
            k=k1
        else:
            k=len(a)
            a.append(Player(name1))       #若未找到 name1 则添加到列表 a 的最后
        a[k].score+=3
        k2=find(a,name2)                  #查找 name2,若找到则返回下标,否则返回-1
        if k2>=0:
            k=k2
        else:
            k=len(a)
            a.append(Player(name2))       #若未找到 name2 则添加到列表 a 的最后
        a[k].score+=1
    a.sort()
    r=1
    print(r,a[0].name,end='')             #输出第 1 名的排名及其姓名
    for i in range(1,n):
        if a[i].score==a[i-1].score:      #若后一人与前一人同分,则名次相同,输出姓氏
            print('',a[i].name,end='')
        else:                             #否则名次为其排序后的序号,换行输出名次和姓氏
            print()
            r=i+1
            print(r,a[i].name,end='')
    print()
```

运行结果如下。

```
1 ↵
4 ↵
Huang Han ↵
Wang Huang ↵
Wang Han ↵
Qian Han ↵
Qian Wang ↵
```

```
Huang Qian ↵
1 Huang Qian Wang
4 Han
```

本题也可采用指定列表 *a* 的 sort 成员函数的 key 参数为 lambda 匿名函数的方法求解，具体代码留给读者自行实现。

习　　题

一、选择题

1. 定义类的关键字是（　　）。

　　A. class　　　　　　　B. strut　　　　　　　C. def　　　　　　　D. for

2. 类中不包含的成员是（　　）。

　　A. 私有成员　　　　　B. 保护成员　　　　　C. 公有成员　　　　　D. 自有成员

3. 在 Python 语言中，类的私有成员以（　　）开头。

　　A. __（两个下画线）　B. _（一个下画线）　C. private　　　　　　D. ♯

4. 关于类中的 __init__ 函数，下面说法正确的是（　　）。

　　A. 第一个参数必须命名为 self　　　　　B. 必须显式调用

　　C. 创建对象时自动调用　　　　　　　　D. 属于保护成员

5. 若类中的成员函数（方法）具有 3 个参数，其中两个参数带默认值，则调用时不可能的参数个数是（　　）。

　　A. 0　　　　　　　　　B. 1　　　　　　　　　C. 2　　　　　　　　　D. 3

6. 以下代码段的执行结果是（　　）。

```
class St:
    def __init__(o,a,b):
        o._a=a
        o.__b=b
    def setb(o,b):
        o.__b=b
    def getb(o):
        return o.__b
s=St(0,1)
print(s.__b)
```

　　A. 0　　　　　　　　　B. 1　　　　　　　　　C. 随机数　　　　　　D. 语句出错

7. 以下代码段的执行结果是（　　）。

```
class St:
    def __init__(o,a,b):
        o._a=a
```

```
        o.__b=b
    def setb(o,b):
        o.__b=b
    def getb(o):
        return o.__b
s=St(0,1)
s.setb(3)
print(s.getb())
```

    A. 0　　　　　　　　B. 1　　　　　　　C. 3　　　　　　　D. 语句出错

8. 以下代码段的执行结果是(　　)。

```
class St:
    def __init__(o,a,b):
        o._a=a
        o.__b=b
    def setb(o,b):
        o.__b=b
    def getb(o):
        return o.__b
s=St(0,1)
print(s._a)
```

    A. 0　　　　　　　　B. 1　　　　　　　C. 随机数　　　　　D. 语句出错

9. 根据以下的类定义和对象列表的创建,下列不能输出 Iris 的语句是(　　)。

```
class St:
    def __init__(obj,name,age):
        obj.name=name
        obj.age=age
s=[St("John",19),St("Iris",18),St("Mary",17),St("Jack",16)]
```

    A. print(s[1].name)　　　　　　　　B. print(s[2].name)

    C. print("%s" % s[1].name)　　　　　D. print("{}".format(s[1].name))

10. 以下代码的执行结果是(　　)。

```
class St:
    def __init__(obj,name,age):
        obj.name=name
        obj.age=age
s=[St("John",19),St("Iris",18),St("Mary",17),St("Jack",16)]
t=0
for i in s:
```

```
    t+=i.age
t/=4
print(t)
```

A. 17   B. 16   C. 17.5   D. 18

二、在线编程题

本章在线编程题要求使用类对象列表完成。

1. 学车费用

小明学开车后,才发现他的教练对不同的学员收取不同的费用。

小明想分别对他所了解到的学车同学的各项费用进行累加求出总费用,然后按下面的排序规则排序并输出,以便了解教练的收费情况。排序规则:先按总费用从多到少排序,若总费用相同则按姓名的 ASCII 码从小到大排序,若总费用相同而且姓名也相同则按编号(即输入时的顺序号,从 1 开始编)从小到大排序。

输入格式:

测试数据有多组,处理到文件尾。每组测试数据先输入一个正整数 $n(n \leqslant 20)$,然后是 n 行输入,第 i 行先输入第 i 个人的姓名(长度不超过 10 个字符,且只包含大小写英文字母),然后再输入若干整数(不超过 10 个),表示第 i 个人的各项费用,数据之间都以一个空格分隔,第 i 行输入的对应编号为 i。

输出格式:

对于每组测试,在按描述中要求的排序规则进行排序后,按顺序逐行输出每个人费用情况,包括费用排名(从 1 开始,费用相同则排名也相同)、编号、姓名、总费用。每行输出的数据之间留一个空格。

输入样例:	输出样例:
3	1 1 Tom 6800
Tom 2800 900 2000 500 600	1 3 Tom 6800
Jack 3800 400 1500 300	3 2 Jack 6000
Tom 6700 100	

2. 足球联赛排名

本赛季足球联赛结束了。请根据比赛结果,给队伍排名。排名规则:

(1) 看积分,积分高的名次在前(每场比赛胜者得 3 分,负者得 0 分,平局各得 1 分);

(2) 若积分相同,则看净胜球(该队伍的进球总数与失球总数之差),净胜球多的排名在前;

(3) 若积分和净胜球都相同,则看总进球数,进球总数多的排名在前;

(4) 若积分、净胜球和总进球数都相同,则队伍编号小的排名在前。

输入格式:

首先输入一个正整数 T,表示测试数据的组数,然后输入 T 组测试数据。

每组测试先输入一个正整数 $n(n < 1000)$,代表参赛队伍总数。方便起见,队伍以编号 $1, 2, \cdots, n$ 表示。然后输入 $n * (n-1)/2$ 行数据,依次代表包含这 n 个队伍之间进行单循

环比赛的结果,具体格式为: $i\ j\ p\ q$,其中 i 、 j 分别代表两支队伍的编号 $(1\leqslant i < j \leqslant n)$, p 、 q 代表队伍 i 和队伍 j 的各自进球数 $(0\leqslant p,q\leqslant 50)$ 。

输出格式:

对于每组测试数据,按比赛排名从小到大依次输出队伍的编号,每两个队伍之间留一个空格。

输入样例:	输出样例:
1	2 3 1 4
4	
1 2 0 2	
1 3 1 1	
1 4 0 0	
2 3 2 0	
2 4 4 0	
3 4 2 2	

3. 节约有理

小明准备考研,要买一些书,虽然每个书店都有他想买的所有图书,但不同书店的不同书籍打的折扣可能各不相同,因此价格也可能各不相同。因为资金所限,小明想知道不同书店价格最便宜的图书各有多少本,以便节约资金。

输入格式:

首先输入一个正整数 T ,表示测试数据的组数,然后输入 T 组测试数据。

对于每组测试,第一行先输入 2 个整数 m 、 $n(1\leqslant m,n\leqslant 100)$,表示想要在 m 个书店买 n 本书;第二行输入 m 个店名(长度都不超过 20,并且只包含小写字母),店名之间以一个空格分隔;接下来输入 m 行数据,表示各个书店的售书信息,每行包含 n 个实数,代表对应的第 $1\sim n$ 本书的价格。

输出格式:

对于每组测试数据,按要求输出 m 行,分别输出每个书店的店名及其能够提供的最廉价图书的数量,店名和数量之间留一个空格。当然,比较必须是在相同的图书之间才可以进行,并列的情况也算。

输出要求按最廉价图书的数量 cnt 从大到小的顺序排列,若 cnt 相同则按店名的 ASCII 码升序输出。

输入样例:	输出样例:
1	xinhuashop 2
3 3	kehaishop 1
xiwangshop kehaishop xinhuashop	xiwangshop 1
11.1 22.2 33.3	
11.2 22.2 33.2	
10.9 22.3 33.1	

第 6 章

类与对象

第7章 程序设计竞赛基础

7.1 递推与动态规划

例 7.1.1 铺满方格

有一个 $1 \times n$ 的长方形，由边长为 1 的 n 个方格构成，例如，当 $n=3$ 时为 1×3 的方格长方形如图 7-1 所示。求用 1×1、1×2、1×3 的骨牌铺满方格的方案总数。

图 7-1　1×3 的方格长方形

输入格式：

测试数据有多组，处理到文件尾。每组测试输入一个整数 $n(1 \leqslant n \leqslant 50)$。

输出格式：

对于每组测试，输出一行，包含一个整数，表示用骨牌铺满方格的方案总数。

输入样例：	输出样例：
3	4

解析：

本题是一个递推问题。若方格长方形原长为 $n-1$，则增加 1 个方格使得长度为 n 时，可以考虑分别用 3 种骨牌去铺该方格，如图 7-2 所示，若用 1×1 的骨牌，则铺法数与长度为 $n-1$ 时相同，若用 1×2 的骨牌，则铺法数与长度为 $n-2$ 时相同，若用 1×3 的骨牌，则铺法数与长度为 $n-3$ 时相同。

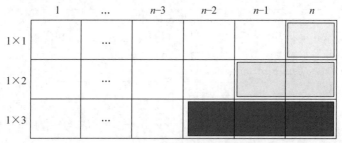

图 7-2　3 种骨牌铺第 n 个方格的示意图

因此可得用 3 种骨牌铺满方格的方案总数的递推式：$f(n) = f(n-1) + f(n-2) +$

```
for i in range(n):
    b=list(map(int,input().split()))    #用输入的每行数据创建一个一维列表 b
    a.append(b)                          #把 b 添加到 a 中
solve(a,n)                               #调用 solve 函数
```

运行结果如下。

```
1↵
5↵
7↵
3 8↵
8 10↵
27 44↵
45 265↵
30
```

例 7.1.3　最长有序子序列

对于给定一个数字序列 $(a_1, a_2, \cdots, a_n)$，如果满足 $a_1 < a_2 < \cdots < a_n$，则称该序列是有序的。若在序列 $(a_1, a_2, \cdots, a_n)$ 中删除若干元素得到的子序列是有序的，则称该子序列为一个有序子序列。有序子序列中长度最大的即为最长有序子序列。

例如，$(1,3,5)$、$(3,5,8)$、$(1,3,5,9)$ 等都是序列 $(1,7,3,5,9,4,8)$ 的有序子序列；而 $(1,3,5,9)$、$(1,3,5,8)$、$(1,3,4,8)$ 都是序列 $(1,7,3,5,9,4,8)$ 的一个最长有序子序列，长度为 4。

请编写程序，求出给定数字序列中的最长有序子序列的长度。

输入格式：

首先输入一个正整数 T，表示测试数据的组数，然后输入 T 组测试数据。每组测试数据第一行输入一个整数 $n(1 \leqslant n \leqslant 1000)$，第二行输入 n 个整数，数据范围都在 $[0, 10\,000]$，数据之间以一个空格分隔。

输出格式：

对于每组测试，输出 n 个整数所构成序列的最长有序子序列的长度。每两组测试的输出之间留一个空行。

输入样例：	输出样例：
1	4
7	
1 7 3 5 9 4 8	

来源：

ZOJ 2136

195

解析：

本题求最长有序（升序）子序列（Longest Ordered Subsequence，LOS）的长度，也是一个 DP 入门题。此处的 LOS 又可称为最长上升子序列（Longest Increased Subsequence，LIS）。

设 n 个整数存放在列表 v 中，DP 的四要素如下。

（1）状态：以 $f(i)$ 表达，表示以下标为 i 的元素（$v[i]$）为尾元素的最长上升子序列的长度；

（2）转移方程：$f(i)=\max(\,f(j)+1,\,f(i))$，其中 $0 \leqslant j<i$ 且 $v[i]>v[j]$；

转移方程说明：寻找以某个 $v[j]$（$0 \leqslant j<i$）结尾的最长的上升子序列，然后将 $v[i]$ 添加到该子序列的尾部，构成更长的有序子序列（长度增 1）；

（3）初值：$f(i)=1$，其中 $0 \leqslant i<n$，每个数本身可以构成长度为 1 的上升序列；

（4）结果：$\max(f(i))$，其中 $0 \leqslant i<n$。

编程实现时，可以增加一个辅助列表 f，$f[i]$ 表示以 $v[i]$ 结尾的最长上升子序列的长度，则 $f[0]=1$，i 从 1 到 $n-1$ 进行循环，用 $v[i]$ 与其之前的数据 $v[j]$（$0 \leqslant j \leqslant i-1$）比较，若 $v[i]>v[j]$，则 $f[i]$ 的值可以在其原值与 $f[j]+1$ 之间取大者。例如，输入样例对应的列表 v 及其辅助列表 f 如图 7-5 所示。

v	1	7	3	5	9	4	8
f	1	2	2	3	4	3	4

图 7-5　数据列表 v 和辅助列表 f

具体代码如下。

```
def los(v):
    n=len(v)
    f=[1]*n                          #结果列表各个元素置为1
    for i in range(1,n):             #从第 2 个数(下标为 1)开始考虑
        for j in range(0,i):        #与下标为 i 之前的数比较
            if v[i]>v[j] and f[j]+1>f[i]:   #若增加 v[i]能增长 LIS 的长度
                f[i]=f[j]+1         #则更新 f[i]
    return max(f)                    #返回辅助列表 f 中的最大值

T=int(input())
for t in range(T):
    n=int(input())
    a=list(map(int,input().split()))
    if t>0: print()
    print(los(a))
```

运行结果如下。

```
2 ↵
10 ↵
22 88 35 19 98 94 85 42 75 95 ↵
5
```

考虑上升子序列的有序性,可用二分查找提高程序的运行效率。设数据列表为 a,采用列表 res 存放构成最长上升子序列的各个元素,先置 res 的初值为 a 的首元素 $a[0]$,再对 a 中的元素 $a[i]$($1 \leqslant i < n$)在 res 中查找插入位置,若 $a[i]$ 大于 res 的最后一个元素,则将 $a[i]$ 添加到在 res 的最后位置,否则在 res 中二分查找 $a[i]$ 的插入位置并将其插入,最后返回 res 的长度即可。具体代码如下。

```python
def bs(a,key):                  #二分查找
    i=0                         #指向查找区间的第一个数
    j=len(a)-1                  #指向查找区间的最后一个数
    while i<=j:                 #当查找区间还有数据
        mid=(i+j)//2            #计算中间位置
        if a[mid]==key: return mid  #若待查找的数等于中间位置的数,则返回中间位置
        elif key<a[mid]:j=mid-1      #若待查找的数小于中间位置的数,则到左半区间查找
        else:i=mid+1           #若待查找的数大于中间位置的数,则到右半区间查找
    return i                    #返回插入位置

def losBs(a,n):                 #基于二分查找的最长有序子序列
    res=[a[0]]                  #第一个数放入结果列表
    for i in range(1,n):        #从第二个数开始考虑
        k=len(res)-1            #k为当前结果列表最后一个数的下标
        if a[i]>res[k]:         #若当前数大于结果列表的最后一个数
            res.append(a[i])    #则直接把当前数放到结果列表的最后
        else:
            j=bs(res,a[i])      #二分查找插入位置
            res[j]=a[i]         #把当前数放入插入位置
    return len(res)             #返回结果列表的长度

T=int(input())
for t in range(T):
    n=int(input())
    a=list(map(int,input().split()))
    if t>0: print()
    print(losBs(a,n))
```

若要求输出最长上升子序列,则把列表 res 中各元素输出即可。

例 7.1.4 0-1 背包问题

给定 n 种物品(每种仅一个)和一个容量为 c 的背包,要求选择物品装入背包,使得装入背包中物品的总价值最大。

输入格式:

测试数据有多组,处理到文件尾。每组测试数据输入 3 行,第 1 行为两个整数 n($1 \leqslant n$

≤400）和 c（$1 \leqslant c \leqslant 1500$），分别表示物品数量与背包容量，第 2 行为 n 个物品的重量 w_i（$1 \leqslant i \leqslant n$），第 3 行为这 n 个物品的价值 v_i（$1 \leqslant i \leqslant n$）。物品重量、价值都为整数。

输出格式：

对于每组测试，在一行上输出一个整数，表示装入背包的最大总价值。

输入样例：	输出样例：
4 9	12
2 3 4 5	
3 4 5 7	

解析：

本题是 DP 入门题，可通过填表方法进行分析。输入样例对应的物品情况如图 7-6 所示。

下标	0	1	2	3
重量 w	2	3	4	5
价值 v	3	4	5	7
数量	1	1	1	1

图 7-6　物品情况

因背包容量为 9，故装入背包可能达到的容量范围区间为 [0,9]，若无任何物品，则可知所得价值必为 0，因此可以构造所有元素都为 0 的辅助二维列表（列表中元素的值表示当前所得最大价值），如图 7-7 所示。

下标	0	1	2	3	4	5	6	7	8	9
0	0	0	0	0	0	0	0	0	0	0
1	0	0	0	0	0	0	0	0	0	0
2	0	0	0	0	0	0	0	0	0	0
3	0	0	0	0	0	0	0	0	0	0
4	0	0	0	0	0	0	0	0	0	0

图 7-7　辅助二维列表的初值

从第一种物品（下标为 0）开始，逐一考虑某物品是否装入背包。若某物品重量不大于背包的剩余容量且装入后能使总价值增大，则装入该物品，否则不装入该物品，从而得到辅助二维列表的终值如图 7-8 所示。

下标	0	1	2	3	4	5	6	7	8	9
0	0	0	0	0	0	0	0	0	0	0
1	0	0	3	3	3	3	3	3	3	3
2	0	0	3	4	4	7	7	7	7	7
3	0	0	3	4	5	7	8	9	9	12
4	0	0	3	4	5	7	8	10	11	12

图 7-8　二维辅助列表的终值

因此，若背包容量为 c，n 种物品的重量和价值分别存放在 w、v 列表（下标从 0 开始）中，则 0-1 背包问题的 DP 四要素如下。

（1）状态：以 $f(i,j)$ 表达，表示使用前 $i(1{\leqslant}i{\leqslant}n)$ 种物品构成背包容量为 $j(0{\leqslant}j{\leqslant}c)$ 时能获得的最大价值；

（2）转移方程：$f(i,j)=\max(f(i-1,j),f(i-1,j-w[i-1])+v[i-1])$，其中，$f(i-1,j)(1{\leqslant}i{\leqslant}n,0{\leqslant}j{\leqslant}c)$ 表示不用（放）第 i 种物品（下标为 $i-1$），$f(i-1,j-w[i-1])+v[i-1](1{\leqslant}i{\leqslant}n,w[i-1]{\leqslant}j{\leqslant}c)$ 表示用第 i 种物品（背包用去 $w[i-1]$ 的容量，获得 $v[i-1]$ 的价值）；

（3）初值：$f(0,j)=0$，其中 $0{\leqslant}j{\leqslant}c$；

（4）结果：$f(n,c)$。

```
def knapsack(c,w,v):
    n=len(w)                          #求得物品数 n
    f=[[0] * (c+1) for i in range(n+1)]   #f 是二维辅助列表,初始为全 0
    for i in range(1,n+1):            #逐步考虑前 i(1~n)种物品
        for j in range(c+1):          #对每种容量 j(0~c)进行计算
            if j<w[i-1]:              #若剩余容量 j 小于第 i 种物品的重量
                f[i][j]=f[i-1][j]     #则无法放第 i 种物品,结果与考虑前 i-1 种物品同
            else:                     #若第 i 种物品可放入,则在放与不放中取最大值
                f[i][j]=max(f[i-1][j],f[i-1][j-w[i-1]]+v[i-1])
    print(f[n][c])

try:
    while True:
        n,c=map(int, input().split())
        w=list(map(int,input().split()))
        v=list(map(int,input().split()))
        knapsack(c,w,v)
except EOFError:pass
```

运行结果如下。

```
10 24 ↵
4 4 4 3 5 6 3 12 12 22 ↵
1 18 4 12 15 14 24 11 10 4 ↵
83
25 100 ↵
42 6 48 13 38 124 8 17 41 25 41 26 47 41 171 25 7 30 35 7 17 32 45 27 38 ↵
49 19 53 40 22 4 36 20 49 25 61 48 67 34 57 52 46 45 33 41 20 38 34 58 63 ↵
292
```

上面的代码中，第 i 种物品的下标为 $i-1$。注意，当前行数据的计算仅与上一行数据有关，因此可用两个一维（滚动）列表的方法。实际上，0-1 背包问题可以仅用一个一维列表求

解，此时 DP 的四要素如下。

（1）状态：$f(j)$，表示当前考虑下标为 i 的物品时构成背包容量 j 所能获得的最大价值；

（2）转移方程：$f(j) = \max(\ f(j),\ f(j-w[i])+v[i]\ )$，其中，前者 $f(j)(0 \leqslant j \leqslant c)$ 表示不用（放）下标为 i 的物品，后者 $f(j-w[i])+v[i](0 \leqslant i < n, w[i] \leqslant j \leqslant c)$ 表示用下标为 i 的物品；

（3）初值：$f(j) = 0, 0 \leqslant j \leqslant c$；

（4）结果：$f(c)$。

具体代码如下。

```
def knapsack(c,w,v):
    n=len(w)
    f=[0] * (c+1)                              #结果列表清 0
    for i in range(n):                         #逐个物品进行考虑
        #为保证每种物品最多只用一次,剩余容量 j 应从 c 到 w[i]逆序循环
        for j in range(c,w[i]-1,-1):
            f[j]=max(f[j],f[j-w[i]]+v[i])      #在放与不放两种情况中取最大值
    print(f[c])


try:
    while True:
        n,c=map(int, input().split())
        w=list(map(int,input().split()))
        v=list(map(int,input().split()))
        knapsack(c,w,v)
except EOFError:pass
```

需要注意的是，为保证每种物品最多只用一次，背包的容量应从 c 到 $w[i]$ 进行逆序循环。因为考虑下标为 i 的物品（重量为 $w[i]$）时，对于背包容量 $j(c \sim w[i])$，若考虑放入该物品，则背包的剩余容量 $(j-w[i])$ 因尚未计算而不可能放入该物品，从而能够保证下标为 i 的物品最多仅用一个。若背包的容量改为从 $w[i]$ 到 c 进行顺序循环，则每种物品都可以重复使用任意个，从而成为完全背包问题。

7.2　简单数学问题

例 7.2.1　奇数平方和

输入一个奇数 n，请计算 $1^2 + 3^2 + 5^2 + \cdots + n^2$。测试数据保证结果不会超出 $2^{63} - 1$。

输入格式：

测试数据有多组，处理到文件尾。每组测试数据输入一个奇数 n。

输出格式：

对于每组测试，输出奇数的平方和。

输入样例:	输出样例:
3	10

来源:

HDOJ 2139

解析:

本题的一种直观求解思路是逐个累加各个奇数的平方。若考虑提高程序运行效率,则可用奇数平方和公式求解,设 k 为奇数,奇数平方和公式如下。

$$1^2+3^2+\cdots+k^2=k(k+1)(k+2)/6$$

具体代码如下。

```
try:
    while True:
        n=int(input())
        res=n * (n+1) * (n+2)//6    #使用奇数平方和公式
        print(res)
except EOFError:pass
```

运行结果如下。

```
11↵
286
10001↵
166766685001
123↵
317750
199999↵
1333333333300000
```

建议拟参加程序设计竞赛的读者熟记常用的数学公式,若未记住数学公式,则在必要时可自行推导。

例 7.2.2　幂次取余

给定 3 个正整数 A、B 和 C,求 $A^B \bmod C$ 的结果,其中 mod 表示求余数。

输入格式:

首先输入一个正整数 T,表示测试数据的组数,然后输入 T 组测试数据。每组测试数据输入 3 个正整数 A、B、$C(A,B,C\leqslant 1\,000\,000)$。

输出格式:

对于每组测试,输出计算后的结果,每组测试的输出占一行。

输入样例：	输出样例：
2	2
3 3 5	4
4 4 6	

来源：

HDOJ 1420

解析：

本题可用如下同余性质求解。

$$(A \times A \times \cdots \times A) \% C = (A \times \cdots \times (A \times (A \% C)) \% C \cdots) \% C 。$$

故可置连乘单元 res 初值为 1，之后 res 每乘一次 A 就对 C 求余一次。具体代码如下。

```
T=int(input())
for t in range(T):
    a,b,c=map(int,input().split())
    res=1                          #连乘单元 res 初值置为 1
    for i in range(b):             #循环 b 次
        res=(res * a)%c            #res 每乘一次 a 就对 c 求余一次
    print(res)
```

运行结果如下。

```
2 ↵
123 100 19 ↵
9
1000000 1000000 12345 ↵
145
```

若在线题目中有较多测试数据中的 A、B、C 较大，则在线提交上述代码可能得到超时反馈。如何避免超时呢？利用快速幂，可以有效提高程序运行效率，从而避免超时。具体代码如下。

```
def f(m,n,k):                      #用快速幂求 m^n%k
    if n==0:
        return 1
    else:
        t=f(m,n//2,k)%k            #递归调用，用 t 暂存递归调用的结果
        if n%2==0:
            return t * t%k
        else:
            return t * t * m%k
```

```
T=int(input())
for t in range(T):
    a,b,c=map(int,input().split())
    print(f(a,b,c))
```

若需进一步提高程序运行效率,则可考虑使用位运算。

7.3　贪心法与回溯法

例 7.3.1　最少失约

某天,诺诺有许多活动需要参加。但由于活动太多,诺诺无法参加全部活动。请帮诺诺安排,以便尽可能多地参加活动,减少失约的次数。假设在某一活动结束的瞬间就可以立即参加另一个活动。

输入格式:

首先输入一个整数 T,表示测试数据的组数,然后输入 T 组测试数据。每组测试数据首先输入一个正整数 n,代表当天需要参加的活动总数,接着输入 n 行,每行包含两个整数 i 和 j($0 \leqslant i < j < 24$),分别代表一个活动的起止时间。

输出格式:

对于每组测试,在一行上输出最少的失约总数。

输入样例:	输出样例:
1	2
3	
1 4	
3 5	
3 8	

解析:

本题是贪心法的入门题。贪心法总是做出当前最优的选择。本题的贪心策略是优先选择结束时间最早的活动。因此可以根据结束时间从小到大排序,若下一个活动的开始时间不小于当前活动的结束时间,则可以参加该活动。数据存放在列表中,每个元素是一个字典,包含两个键"start"和"end",值则分别为输入的两个整数。排序规则采用 lambda 函数指定按键"end"升序排序。具体代码如下。

```
T=int(input())
for t in range(T):
    s=[]                             #创建空列表
    n=int(input())
    for i in range(n):               #输入数据,构造字典列表
        a,b=map(int,input().split())
```

```
        s.append({"start":a,"end":b})      #列表中添加键分别为"start"和"end"的字典
    s.sort(key=lambda x:x["end"])          #按键"end"从小到大排序
    cnt=1                                   #第一个活动(最早结束的)肯定可以参加
    curEnd=s[0]["end"]                      #当前结束时间为第一个活动的结束时间
    for i in range(1,n):                    #扫描后面的活动
        if s[i]["start"]>=curEnd:          #若后面活动的开始时间不小于当前结束时间
            cnt+=1                          #则参加该活动
            curEnd=s[i]["end"]             #置当前结束时间为刚参加活动的结束时间
    print(n-cnt)                            #失约数为活动总数减去可参加的活动数
```

运行结果如下。

```
3↵
2↵
1 3↵
3 5↵
0
5↵
1 4↵
3 5↵
3 8↵
5 9↵
12 14↵
2
12↵
1 2↵
3 5↵
0 4↵
6 8↵
7 13↵
4 6↵
9 10↵
9 12↵
11 14↵
15 19↵
14 16↵
18 20↵
5
```

例 7.3.2　N 皇后问题

要求在 $n \times n$ 格的棋盘上放置彼此不会相互攻击的 n 个皇后。按照国际象棋的规则，皇后可以攻击与之处在同一行或同一列或同一斜线上的棋子。

输入格式：

测试数据有多组，处理到文件尾。对于每组测试，输入棋盘的大小 n（$1 < n < 12$）。

输出格式：

对于每组测试,输出满足要求的方案个数。

输入样例：	输出样例：
4	2

解析：

本题是回溯法的入门题。回溯法的基本思想：按照条件不断向前搜索,当到达某一位置发现不能前进或者肯定不是最优时,则回退到上一个位置并重新进行选择和搜索。在搜索过程中得到的最优解就是结果。

本题可以逐行逐列尝试能否放下一个皇后,若能放,则继续尝试下一行,否则回退到上一行换一个位置继续尝试,若完成最后一行的放置,则表示得到一种解决方案。例如,$n=4$ 时,可能的解决方案如图 7-9 所示(其中,Q 表示皇后)。

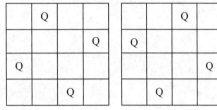

图 7-9　4 皇后问题的解决方案

本题的具体代码如下。

```
def check(row):                              #检查第 row 行是否可以放置
    col=res[row]
    for i in range(row):
        if res[i]==col:return False          #同列
        if i-res[i]==row-col:return False     #同左上斜线,行列之差相等
        if i+res[i]==row+col:return False     #同右上斜线,行列之和相等
    return True

def dfs(row,n):                              #在 n * n 的棋盘上从第 row 行开始放置尝试
    if row==n:                               #若所有行都已放置完毕,则计数器加 1
        global cnt                           #因待更新的 cnt 是全局变量,故声明之
        cnt+=1
        return
    for i in range(n):                       #逐列尝试
        res[row]=i                           #尝试在第 row 行的第 i 列放置一个皇后
        if check(row):dfs(row+1,n)           #若第 row 行的第 i 列可放置,则考虑下一行
        res[row]=-1                          #还原第 row 行数据

try:
    while True:
        n=int(input())
        res=[-1] * 12                        #res 列表所有元素置为-1
        cnt=0                                #计数器清 0
        dfs(0,n)                             #调用 dfs 函数
```

```
        print(cnt)
except EOFError: pass
```

运行结果如下。

```
4 ↵
2
8 ↵
92
10 ↵
724
11 ↵
2680
```

由于 dfs 函数中需要更新全局变量 cnt 的值，因此该函数中使用语句"global cnt"声明该全局变量。若本题需要输出具体解决方案，则可以在每找到一种方案时输出列表 res 中的各个元素。

若在线提交超时，则可先一次性把所有结果保存在列表中，输入数据后再从其中取出结果并输出。

7.4 搜 索 入 门

例 7.4.1　畅通工程

某省调查城镇交通状况，得到现有城镇道路统计表，表中列出了每条道路直接连通的城镇。省政府"畅通工程"的目标是使全省任何两个城镇间都可以相互可达（但不一定有直接的道路相连，只要互相间接通过道路可达即可）。问最少还需要建设多少条道路？

输入格式：

测试数据有多组。对于每组测试，先输入两个正整数，分别是城镇数目 n（<1000）和道路数目 M；随后的 M 行对应 M 条道路，每行给出一对正整数，分别是该条道路直接连通的两个城镇的编号。为简单起见，城镇从 1 到 n 编号。

注意，两个城市之间可以有多条道路相通，也就是说如下输入也是合法的。

```
3 3
1 2
1 2
2 1
```

当 n 为 0 时，输入结束。

输出格式：

对于每组测试，输出一行，包含一个整数，表示最少还需要建设的道路数目。

```
输入样例:              输出样例:
4 2                   1
1 3
4 3
0
```

来源:

HDOJ 1232、浙大计算机研究生复试上机考试(2005 年)

解析:

本题中的第一个需解决的问题是图的表示。图由顶点集和边集构成。n 个顶点的图,可用一个 $n \times n$ 的邻接矩阵(二维列表)表示,若顶点之间无边则相应元素为 0,否则为 1。设连通图(图中的边都没有方向,从任意一顶点出发都能访遍图中所有顶点)以二维列表 mat 表示,若两个顶点 i、j 之间有边,即顶点 i 到 j 有边,顶点 j 到 i 也有边,则 mat$[i][j]$=1 且 mat$[j][i]$=1。

本题本质上是求非连通图共有几个连通分量(极大连通子图)。可以采用连通图的深度优先搜索(Depth First Search,DFS)或广度优先搜索(Breadth First Search,BFS)的方法求解。

DFS 的方法如下。

(1) 访问起始顶点 s;

(2) 依次从 s 的未被访问的邻接点(一条边的两个顶点互为邻接点)出发,对图进行 DFS;直至图中所有顶点都被访问。

若是非连通图,则一次 DFS 之后图中尚有顶点未被访问,此时可从中选择未被访问的顶点出发继续 DFS,直到图中所有顶点均被访问为止。每完成一次 DFS,则连通分量个数 cnt(计数器,初值为 0)增 1。对于顶点是否访问过,可以采用标记列表的方法:标记列表元素初值都设为 False,一旦访问了某个顶点就把其对应的标记列表元素值置为 True。具体代码如下。

```
def dfs(s,n):                    #连通图的 DFS,s 是起点,n 是顶点总数
    visited[s]=True              #起点标记为已访问
    for i in range(n): #逐个点检查,若该点与 s 之间有边且未访问过,则从该点出发继续 DFS
        if mat[s][i]==1 and visited[i]==False:
            dfs(i,n)

while True:
    s=input()                    #输入字符串,若为"0"则结束循环
    if s=="0":
        break
    n,m=map(int,s.split())
    visited=[False]*n            #标记列表
    mat=[[0]*n for i in range(n)]  #构造全 0 的邻接矩阵
    for i in range(m):           #根据输入的边,置邻接矩阵的相应元素为 1
```

第 7 章

```
          a,b=map(int,input().split())
          a-=1
          b-=1
          mat[a][b]=mat[b][a]=1
    cnt=0                          #计数器 cnt 用于统计连通分量数,初值置为 0
    for i in range(n):    #逐个点检查,若该点未访问过,则从该点出发继续 DFS,且 cnt 加 1
        if visited[i]==False:
            dfs(i,n)
            cnt+=1
    print(cnt-1)                   #需修的道路数为连通分量数减 1
```

运行结果如下。

```
5 2↵
1 2↵
3 5 ↵
2
```

本题还可以使用 BFS 的方法求解。

BFS 的方法如下。

（1）访问起始顶点 s；

（2）对 s 的所有未被访问的邻接点（设为 $v_1, v_2, \cdots, v_k$）进行访问,并按照先后顺序再依次访问 $v_i(1 \leqslant i \leqslant k)$ 的邻接点,直至图中所有顶点都被访问。

BFS 过程中,对于任意两个顶点 i, j,若 i 在 j 之前访问,则 i 的所有未被访问的邻接点将在 j 的所有未被访问的邻接点之前访问,具有"先进先出"的特点,因此可借助"队列"数据结构实现。队列是一种限定插入操作只能在队尾、删除操作只能在队头进行的数据结构。模块 queue 中的类 Queue 实现队列的功能,需先用以下语句导入方可使用。

```
from queue import Queue          #从队列模块 queue 导入队列类 Queue
```

类 Queue 的常用成员函数如表 7-1 所示。类 LifoQueue、PriorityQueue 类似。

表 7-1　类 Queue 常用成员函数

函　　数	说　　明
empty	判断队列是否为空,若是则返回 True,否则返回 False
get	队头元素出队,且返回队头元素
put(val)	将 val 入队,使其成为队尾元素
qsize	队列中的元素个数

对于非连通图,可以多次选择未被访问的顶点出发进行 BFS,直到所有顶点都被访问。而顶点是否被访问依然采用标记列表的方法。本题采用 BFS 方法的具体代码如下。

```
from queue import Queue              #从队列模块 queue 导入队列类 Queue

def bfs(s,n):                        #连通图的 BFS,s 是起点,n 是顶点总数
    q=Queue()                        #创建空队列
    visited[s]=True                  #起点标记为已访问
    q.put(s)                         #起点入队
    while q.empty()==False:          #当队列非空时循环
        f=q.get()                    #出队,且队头元素置于 f 中
        #逐个顶点检查,若该顶点与队头元素之间有边且未访问过,则把该点标记并入队
        for i in range(n):
            if mat[f][i]==1 and visited[i]==False:
                visited[i]=True
                q.put(i)

while True:
    s=input()                        #输入字符串,若为 0 则结束循环
    if s=="0":
        break
    n,m=map(int,s.split())           #输入的字符串分割为顶点数 n 和边数 m
    visited=[False]*n                #标记列表
    #构造全 0 的邻接矩阵
    mat=[[0]*n for i in range(n)]
    for i in range(m):               #根据输入的边,置邻接矩阵的相应元素为 1
        a,b=map(int,input().split())
        a-=1
        b-=1
        mat[a][b]=mat[b][a]=1
    cnt=0                            #计数器 cnt 用于统计连通分量数,初值置为 0
    #逐个点检查,若该点未访问过,则从该点出发继续 BFS,且 cnt 加 1
    for i in range(n):
        if visited[i]==False:
            bfs(i,n)
            cnt+=1
    print(cnt-1)                     #需修的道路数为连通分量数减 1
```

运行结果如下。

```
5 3 ↵
1 2 ↵
3 5 ↵
4 2 ↵
1
```

在 BFS 中,先访问起始顶点,然后访问 1 步(路径长度为 1)能到达的顶点,再访问 2 步能到达的顶点……可见,BFS 依照路径长度递增的顺序访问各个顶点。

另外，模块 queue 中的类 LifoQueue 实现栈（具有"后进先出"特点的数据结构，其插入、删除操作都只能在栈顶进行）的功能，而类 PriorityQueue 实现优先队列的功能。

栈的简单使用示例如下。

```
from queue import LifoQueue      #导入 queue 模块中的类 LifoQueue
sq=LifoQueue()                   #创建空栈
n=int(input())
for i in range(n):
    sq.put(i+1)                  #入栈
print(sq.qsize())               #取得栈的大小(元素个数)
cnt=0
while sq.empty()==False:         #当栈非空时循环
    t=sq.get()                   #出栈,栈顶元素置于 t 中
    cnt+=1
    if cnt>1:print(' ',end='')
    print(t,end='')
print()
```

运行结果如下。

```
5↵
5
5 4 3 2 1
```

优先队列默认将值小的元素优先放在队头位置。优先队列的简单使用示例如下。

```
from queue import PriorityQueue  #导入 queue 模块中的类 PriorityQueue
pq=PriorityQueue()               #创建空的优先队列
a=list(map(int,input().split()))
for i in range(len(a)):
    pq.put(a[i])                 #入优先队列(默认按值小的优先)
print(pq.qsize())               #取得优先队列的大小(元素个数)
cnt=0
while pq.empty()==False:         #当优先队列非空时循环
    t=pq.get()                   #出队,队头元素置于 t 中
    cnt+=1
    if cnt>1:print(' ',end='')
    print(t,end='')
print()
```

运行结果如下。

```
9 7 1 5 3↵
5
1 3 5 7 9
```

对于问题"输入一个整数 n，再输入 n 个学生的姓名和年龄，要求按年龄从大到小输出学生信息，若年龄相同则按姓名字典序输出"，如何用优先队列求解呢？因为优先队列默认按值小的优先，不符合该问题的要求，此时可创建包含两个数据成员 name 和 age 的类，并在类中重载小于成员函数 __lt__，指定优先规则。具体代码如下。

```python
class Stu:                              #类定义
    def __init__(self, name, age):     #初始化函数 __init__
        self.name=name
        self.age=age
    def __lt__(self, other):           #重载小于函数 __lt__，指定优先规则
        if self.age!=other.age:        #若年龄不等，则按年龄从大到小排序
            return self.age>other.age
        return self.name<other.name    #若年龄相等，则按姓名从小到大排序

from queue import PriorityQueue         #导入 queue 模块中的类 PriorityQueue
pq=PriorityQueue()                      #创建空的优先队列
n=int(input())
for i in range(n):                      #输入并创建对象入队，按方法 __lt__ 指定规则优先
    name,age=input().split()
    age=int(age)
    pq.put(Stu(name,age))              #入队
while pq.empty()==False:               #当优先队列非空时循环
    t=pq.get()                         #出队，队头元素置于 t 中
    print(t.name,t.age)
```

运行结果如下。

```
5 ↵
Jack 17 ↵
Iris 16 ↵
Bob 17 ↵
Tom 20 ↵
Josee 20 ↵
Josee 20
Tom 20
Bob 17
Jack 17
Iris 16
```

例 7.4.2　迷宫问题之能否走出

小明某天不小心进入了一个迷宫，如图 7-10 所示，请帮他判断能否走出迷宫。

输入格式：

测试数据有多组，处理到文件尾。每组测试数据首先输入 2 个数 n、m（$0<n,m\leqslant$

S	.	.	.
#	.	.	#
.	.	#	.
.	.	.	T

图 7-10 迷宫示意图

100），代表迷宫的高和宽，然后输入 n 行，每行 m 个字符。各字符的含义如下：'S'代表小明现在所在的位置；'T'代表迷宫的出口；'#'代表墙，不能走；'.'代表路，可以走。

输出格式：

对于每组测试，若能成功脱险，输出 YES，否则输出 NO。

输入样例：
```
4 4
S...
#..#
..#.
...T
```

输出样例：
```
YES
```

解析：

例 7.4.1 是从顶点出发进行搜索。本题也是一个搜索问题，但需要从迷宫具体位置（包含行、列信息）出发进行搜索。为此，可以设计一个类，表达迷宫中一个位置的信息。为方便表达上、下、左、右 4 个方向，设计一个二维增量列表 dir。设当前位置是 (x, y)，则上、下、左、右 4 个位置如图 7-11 所示。

	$x-1, y$	
$x, y-1$	x, y	$x, y+1$
	$x+1, y$	

图 7-11 方向增量示意图

因此，方向增量列表可以创建如下。

```
dir=[[0,1],[1,0],[0,-1],[-1,0]]        #对应右、下、左、上 4 个方向
```

为避免重复走到相同位置而陷入死循环，使用一个二维标记列表 visited。是否成功走出迷宫可以采用一个标记变量来记录。本题可以采用 DFS 或 BFS 的方法实现。

本题采用 DFS 方法求解的具体代码如下。

```
dir=[[0,1],[1,0],[0,-1],[-1,0]]        #方向增量列表
class Pos:
```

```python
    def __init__(self,x,y):            #成员 x,y,分别表示行坐标、列坐标
        self.x=x
        self.y=y

def check(x,y):                        #检查(x,y)是否是 m 行 n 列迷宫中的可走点
    if x<0 or x>=m or y<0 or y>=n:     #若不在迷宫中,则不可走
        return False
    if visited[x][y]==True:            #若已走过,则不可走
        return False
    if mat[x][y]=='#':                 #若遇到特殊字符#,则不可走
        return False
    return True

def dfs(s,t):                          #DFS,s 是起点,t 是终点
    if s.x==t.x and s.y==t.y:          #若找到终点,则标记变量 success 置为 True 并返回
        global success
        success=True
        return
    visited[s.x][s.y]=True             #起点标记为已访问
    #右、下、左、上 4 个相邻点逐个检查,若可走,则再从该点开始深度搜索
    for i in range(4):
        newx=s.x+dir[i][0]
        newy=s.y+dir[i][1]
        if check(newx,newy)==True:
            dfs(Pos(newx,newy),t)

try:
    while True:
        m,n=map(int,input().split())
        #标记列表,初始化所有元素为 False
        visited=[[False]*n for i in range(m)]
        #迷宫列表,初始化所有元素为'.'
        mat=[['.']*n for i in range(m)]
        for i in range(m):             #输入 m 行,找到起点、终点字符并记录各自的位置
            mat[i]=input()
            for j in range(n):
                if mat[i][j]=='S':
                    s=Pos(i,j)         #起点保存在 s 中
                elif mat[i][j]=='T':
                    t=Pos(i,j)         #终点保存在 t 中
        success=False                  #全局变量置为 False
        dfs(s,t)                       #调用 DFS
        if success==True:
            print("YES")
```

```
            else:
                print("NO")
    except EOFError:pass
```

运行结果如下。

```
4 4 ↵
S...↵
#..#↵
..#.↵
...T↵
YES
4 4 ↵
S...↵
#..#↵
..#.↵
..#T↵
NO
```

本题也可采用 BFS 方法求解，具体代码如下。

```
from queue import Queue            #从队列模块 queue 导入队列类 Queue
dir=[[0,1],[1,0],[0,-1],[-1,0]]    #方向增量列表
class Pos:
    def __init__(self,x,y):        #成员 x,y,分别表示行坐标、列坐标
        self.x=x
        self.y=y

def check(x,y):                    #检查(x,y)是否是 m 行 n 列迷宫中的可走点
    if x<0 or x>=m or y<0 or y>=n:  #若不在迷宫中,则不可走
        return False
    if visited[x][y]==True:         #若已走过,则不可走
        return False
    if mat[x][y]=='#':              #若遇到特殊字符#,则不可走
        return False
    return True

def bfs(s,t):                      #BFS,s 是起点,t 是终点
    q=Queue()                      #创建空队列
    visited[s.x][s.y]=True         #起点标记为已访问
    q.put(s)                       #起点入队
    while q.empty()==False:        #当队列非空
        f=q.get()                  #取队头元素,置于 f 中
        if f.x==t.x and f.y==t.y:  #若找到终点,则返回 YES
```

```
                return "YES"
            #右、下、左、上 4 个相邻点逐个检查,若可走,则把该点入队
            for i in range(4):
                newx=f.x+dir[i][0]
                newy=f.y+dir[i][1]
                if check(newx,newy)==False: continue
                nextPos=Pos(newx,newy)
                visited[nextPos.x][nextPos.y]=True
                q.put(nextPos)
    return "NO"                              #未找到终点,则返回 NO
try:
    while True:
        m,n=map(int,input().split())
        #标记列表,初始化所有元素为 False
        visited=[[False]*n for i in range(m)]
        #迷宫列表,初始化所有元素为'.'
        mat=[['.']*n for i in range(m)]
        for i in range(m):                    #输入 m 行,找到起点、终点字符并记录各自的位置
            mat[i]=input()
            for j in range(n):
                if mat[i][j]=='S':
                    s=Pos(i,j)                #起点保存在 s 中
                elif mat[i][j]=='T':
                    t=Pos(i,j)                #终点保存在 t 中
        res=bfs(s,t)
        print(res)
except EOFError:pass
```

运行结果如下。

```
4 4 ↵
S...↵
#..#↵
..#.↵
...T↵
YES
4 4 ↵
S...↵
#..#↵
..#.↵
..#T↵
NO
```

例 7.4.3　迷宫问题之最短步数

小明某天不小心进入了一个迷宫,如图 7-10 所示,请帮他计算走出迷宫的最少时间。

规定每走一格需要一个单位时间，如果不能走到出口，则输出 impossible。每次走只能是上、下、左、右 4 个方向之一。

输入格式：

测试数据有多组，处理到文件尾。每组测试数据首先输入 2 个数 n、m（$0<n,m\leqslant 100$），代表迷宫的高和宽，然后输入 n 行，每行 m 个字符。各字符的含义如下：'S'代表小明现在所在的位置；'T'代表迷宫的出口；'#'代表墙，不能走；'.'代表路，可以走。

输出格式：

对于每组测试，输出走出迷宫的最少时间，若不能走出则输出 impossible。

```
输入样例：
4 4
S...
#..#
..#.
...T

输出样例：
6
```

解析：

本题求走出迷宫的最少时间，由于每步耗费一个单位时间，本质上是求走出迷宫的最短步数。由于 BFS 是按照路径长度依次递增的策略进行的，即起点步数为 0，走到其上、下、左、右 4 个相邻位置的步数为 1，再走到这 4 个位置的相邻位置的步数为 2，……因此，一旦用 BFS 找到出口，此时的步数就是最短的。为记录走到某个位置的步数，在表达迷宫中一格信息的类中增加步数成员 steps。具体代码如下。

```
from queue import Queue              #从队列模块 queue 导入队列类 Queue
dir=[[0,1],[1,0],[0,-1],[-1,0]]      #方向增量列表
class Pos:
    #x,y,steps 3 个成员，分别表示行坐标、列坐标及从起点走到该点的步数
    def __init__(self,x,y,steps=0):
        self.x=x
        self.y=y
        self.steps=steps

def check(x,y,m,n):                   #检查(x,y)是否是 m 行 n 列迷宫中的可走点
    if x<0 or x>=m or y<0 or y>=n:    #若不在迷宫中，则不可走
        return False
    if visited[x][y]==True:           #若已走过，则不可走
        return False
    if mat[x][y]=='#':                #若遇到特殊字符#，则不可走
        return False
    return True

def bfs(s,t):                         #BFS,s 是起点,t 是终点
    q=Queue()                         #创建空队列
```

```
        visited[s.x][s.y]=True              #起点标记为已访问
        q.put(s)                            #起点入队
        while q.empty()==False:             #当队列非空
            f=q.get()                       #取队头元素,置于 f 中
            if f.x==t.x and f.y==t.y:       #若找到终点,则返回其步数
                return f.steps
            #右、下、左、上 4 个相邻点逐个检查,若可走,则把该点入队
            for i in range(4):
                newx=f.x+dir[i][0]
                newy=f.y+dir[i][1]
                if check(newx,newy,m,n)==False: continue
                nextPos=Pos(newx,newy,f.steps+1)
                visited[nextPos.x][nextPos.y]=True
                q.put(nextPos)
    return "impossible"                     #未找到终点,则返回 impossible
try:
    while True:
        m,n=map(int,input().split())
        #标记列表,初始化所有元素为 False
        visited=[[False]*n for i in range(m)]
        #迷宫列表,初始化所有元素为'.'
        mat=[['.']*n for i in range(m)]
        for i in range(m):                  #输入 m 行,找到起点、终点字符并记录各自的位置
            mat[i]=input()
            for j in range(n):
                if mat[i][j]=='S':
                    s=Pos(i,j)              #起点保存在 s 中
                elif mat[i][j]=='T':
                    t=Pos(i,j)              #终点保存在 t 中
        res=bfs(s,t)
        print(res)
except EOFError:pass
```

运行结果如下。

```
4 4 ↵
S...↵
#..#↵
..#.↵
...T↵
6
4 4 ↵
S...↵
```

```
#..#↵
..#.↵
..#T↵
impossible
```

7.5 并查集入门

并查集也称不相交集合(Disjoint Set)，将编号分别为 $1 \sim n$ 的 n 个元素划分为若干不相交集合，在每个集合中，选择其中某个元素代表其所在的集合。常见如下两种操作。

(1) 合并两个集合；

(2) 查找某元素属于哪个集合。

并查集中的每个集合可用一棵树(由一个根结点和若干子树构成)表示。图 7-12 所示的是 3 棵树，结点 1、2、3 分别是 3 棵树的根结点，结点 1、2 各有一棵子树，结点 3 有 3 棵子树；结点 1 是结点 5 的父结点(也称双亲结点或双亲)，相应地，结点 5 是结点 1 的孩子结点(也称孩子)；从根结点到某个结点 x 的路径上的其他结点(不含 x)称为 x 的祖先结点，如结点 2、4 是结点 7 和 10 的祖先结点。

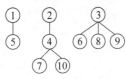

图 7-12 3 棵树

若用双亲列表 $P[n+1]$(n 为元素个数，下标从 1 开始)表示并查集的存储结构，则有：

(1) 若 $P[i] = i$，则表示 i 是某个集合(树)的根；

(2) 若 $P[i] = j(j \neq i)$，则表示 j 是 i 的父结点。

例如，图 7-12 所示的 3 棵树相应的列表 P 如图 7-13 所示。

下标 i	1	2	3	4	5	6	7	8	9	10
$P[i]$	1	2	3	2	1	3	4	3	3	4

图 7-13 3 棵树相应的列表 P

从图 7-13 可见，当 $i=1$ 或 2 或 3 时，$P[i]=i$，故 1、2、3 各为一棵树的根结点；因 $P[4]=2$，$P[2]=2$，结点 4 所在树的根结点为 2；同理，结点 5 所在树的根结点为 1，结点 6、8、9 所在树的根结点为 3；因 $P[7]=4$，$P[4]=2$，$P[2]=2$，结点 7 所在树的根结点为 2；同理，结点 10 所在树的根结点为 2。P 列表所对应的 3 棵树如图 7-12 所示。

可见，若要查某个结点所属的集合，则当 $P[x]!=x$ 时反复执行 $x=P[x]$。对于并操作，若两个结点 a、b 的父结点 pa、pb 不同，则可把 $P[pb]$ 置为 pa。另外，一开始可把每个结点视为一个集合，即若元素个数为 n，则令 $P[i] = i(1 \leqslant i \leqslant n)$。

并查集主要算法包括查操作和并操作对应的算法，具体实现如下。

```
p=[i for i in range(1,n+1)]    #初始时每个结点作为一个集合,下标从 1 开始
def find(x):                   #并查集的查操作
    y=x                        #暂存 x,以便对原来的 x 及其祖先结点进行路径压缩
    while x!=p[x]:             #查找 x 的根结点
```

```
        x=p[x]
    while y!=x:                          #对原 x 及其祖先结点进行路径压缩
        t=p[y]
        p[y]=x
        y=t
    return x                             #返回原 x 的根结点

def union(a, b):                         #并查集的并操作
    pa=find(a)                           #调用查操作得到 a 所在集合的根结点
    pb=find(b)                           #调用查操作得到 b 所在集合的根结点
    if pa==pb: return False              #若已在同一集合中,则无法合并,返回 False
    p[pb]=pa                             #把 b 所在集合并入 a 所在集合
    return True                          #若成功合并,则返回 True
```

查操作 find 中的第二个 while 循环实现路径压缩,把新结点 y 及其祖先结点(根结点之外)直接链接到根结点 x 上,从而缩短查找路径长度,提高查找效率。

另外,若需求得每个集合的结点总数,则可增加一个计数器列表,在并操作时把并入集合的结点数累加进来。

例 7.5.1　几桌

今天是小明的生日,他邀请了许多朋友参加聚会,当然,有些朋友之间由于互不认识,因此不愿意坐在同一张桌上,但是如果 A 认识 B,且 B 认识 C,那么 A 和 C 就算是认识的。请计算至少需要多少张桌子,才能让所有人都坐下来。

输入格式:

首先输入一个整数 T,表示测试数据的组数,然后输入 T 组测试数据。每组测试首先输入两个整数 n、m($1 \leqslant n, m \leqslant 1000$),$n$ 表示朋友数,朋友从 1 到 n 编号,m 表示认识关系数量。然后输入 m 行,每行两个整数 A、B($A != B$),表示编号为 A、B 的两人互相认识。

输出格式:

对于每组测试,输出至少需要多少张桌子。

输入样例:	输出样例:
1	2
5 3	
1 2	
2 3	
4 5	

解析:

显然,本题可用 DFS 或 BFS 求解,这里采用并查集的方法求解。一张桌子可视为一个集合,若 A 认识 B,则他们可坐在一张桌子上,即可合并到同一个集合中去。因此本题是一个基本的并查集问题,即在若干并操作之后求集合个数。具体代码如下。

```
def find(x):                             #并查集的查操作
    y=x                                  #暂存 x,以便对原来的 x 及其祖先结点进行路径压缩
```

```python
        while x!=p[x]:              #查找 x 的根结点
            x=p[x]
        while y!=x:                 #对原 x 及其祖先结点进行路径压缩
            p[y], y=x, p[y]
        return x                    #返回原 x 的根结点

    def union(a, b):                #并查集的并操作
        pa=find(a)                  #调用查操作得到 a 所在集合的根结点
        pb=find(b)                  #调用查操作得到 b 所在集合的根结点
        if pa==pb: return           #若 a、b 在同一集合中,则无须合并
        p[pb]=pa


T=int(input())
for i in range(T):
    n,m=map(int,input().split())
    p=[i for i in range(n+1)]       #双亲列表,初始时每个元素作为一个集合
    for j in range(m):              #合并 m 对认识关系
        a,b=map(int, input().split())
        union(a,b)
    cnt=0
    for j in range(1, n+1):         #统计集合个数
        if j==p[j]: cnt+=1
    print(cnt)                      #输出集合个数
```

例 7.5.2　热闹的聚会

今天是小明的生日,他邀请了许多朋友参加聚会,当然,有些朋友之间由于互不认识,因此不愿意坐在同一张桌上,但是如果 A 认识 B,且 B 认识 C,那么 A 和 C 就算是认识的。为了使得聚会更加热闹,就应该尽可能少用桌子。那么,最热闹(人数最多的)的那一桌一共有多少人?

输入格式:

首先输入一个整数 T,表示测试数据的组数,然后输入 T 组测试数据。每组测试数据首先输入 2 个整数 n 和 m($1 \leqslant n, m \leqslant 1000$)。其中 n 表示朋友总数,并且编号从 1 到 n;然后输入 m 行数据,每行 2 个整数 A 和 B($A \neq B$),表示朋友 A 和 B 相互认识。

输出格式:

对于每组测试,输出最热闹的那一桌的总人数。

输入样例:	输出样例:
1	3
5 3	
1 2	
2 3	
4 5	

解析:

本题求结点个数最多的集合及其结点总数。可采用带权并查集(某结点的权值即为该结点为根的子树中的结点总数)求解,使用一个双亲列表 p 保存各结点的双亲,使用一个计数器列表 cnt 保存各结点的权值,查操作在双亲列表 p 中查找元素所在的集合并进行路径压缩,并操作把结点数少的集合并入结点数多的集合,最终结果为计数器列表 cnt 中的最大值。具体代码如下。

```python
def find(x):                      #并查集的查操作
    y=x                           #暂存 x,以便对原来的 x 及其祖先结点进行路径压缩
    while x!=p[x]:                 #查找 x 的根结点
        x=p[x]
    while y!=x:                    #对原 x 及其祖先结点进行路径压缩
        p[y], y=x, p[y]
    return x                       #返回原 x 的根结点

def union(a, b):                   #并查集的并操作
    pa=find(a)                     #调用查操作得到 a 所在集合的根结点
    pb=find(b)                     #调用查操作得到 b 所在集合的根结点
    if pa==pb: return              #若 a、b 在同一集合中,则无须合并
    if cnt[pa]>=cnt[pb]:           #把结点数少的集合并到结点数多的集合中
        p[pb]=pa
        cnt[pa]+=cnt[pb]
    else:
        p[pa]=pb
        cnt[pb]+=cnt[pa]

T=int(input())
for i in range(T):
    n,m=map(int,input().split())
    p=[i for i in range(n+1)]      #双亲列表,初始时每个元素作为一个集合
    cnt=[1 for i in range(n+1)]    #计数器列表,初始时每个集合只有 1 个结点
    for j in range(m):             #合并 m 对认识关系
        a,b=map(int, input().split())
        union(a,b)
    print(max(cnt))                #输出计数器列表中的最大值
```

习　　题

一、选择题

1. 动态规划的四要素不包括( )。

　　A. 状态　　　　　　　　B. 转移方程　　　　　　C. 结果　　　　　　　　D. 最优化原理

2. 以下说法中,错误的是( )。

A. 动态规划记录所有已解子问题的解并尽可能地利用它们

B. 贪心法的每个步骤都从整体最优的角度考虑

C. 广度优先搜索算法常借助"队列"实现

D. 并查集的存储结构基于"树"的双亲表示法

3. 以下不存在于 queue 模块中的类是（　　　）。

    A. LifoQueue   B. Queue   C. PriorityQueue   D. FifoQueue

4. 若从无向图的任一顶点出发深度优先搜索都可访遍图中所有顶点，则该图一定是（　　　）。

    A. 非连通图   B. 连通图   C. 有环图   D. 以上都错

5. 运用回溯法解题的关键要素不包含的是（　　　）。

A. 针对所给问题，定义问题的解空间

B. 确定易于搜索的解空间结构

C. 以深度优先方式搜索解空间，并在搜索过程中通过剪枝避免无效搜索

D. 以广度优先方式搜索解空间，并在搜索过程中通过剪枝避免无效搜索

二、在线编程题

1. 骨牌铺方格

在 $2×n$ 的一个长方形方格中，用一个 $1×2$ 的骨牌铺满方格，输入 n，输出铺放方案的总数。例如 $n=3$ 时，$2×3$ 方格如图 7-14 所示，骨牌的铺放方案有 3 种。

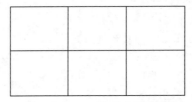

图 7-14　2×3 的长方形方格

输入格式：

测试数据有多组，处理到文件尾。每组测试输入一个整数 $n(0<n≤50)$，表示长方形方格的规格是 $2×n$。

输出格式：

对于每组测试，请输出铺放方案的总数，每组测试的输出占一行。

输入样例：	输出样例：
3	3

来源：

HDOJ 2046

2. 最少拦截系统

有一种导弹拦截系统，不论第一发导弹多高都能拦截，但是以后只能拦截不超过前一发高度的导弹。已知 n 个依次飞来导弹的高度，请计算最少需要多少套这种拦截系统才能拦

截所有导弹。

输入格式：

测试数据有多组，处理到文件尾。每组测试数据首先输入导弹总个数 n（小于 100 的正整数），接着输入 n 个导弹依次飞来的高度（不大于 30 000 的正整数，用空格分隔）。

输出格式：

对于每组测试，输出拦截所有导弹最少需要多少套这种拦截系统。

输入样例：	输出样例：
8 6 5 7 2 3 8 1 4	3

来源：

ZJUTOJ 1099

3. 最大连续子序列

给定 K 个整数的序列 $\{n_1, n_2, \cdots, n_K\}$，其任意连续子序列可表示为 $\{n_i, n_{i+1}, \cdots, n_j\}$，其中 $1 \leqslant i \leqslant j \leqslant K$。最大连续子序列是所有连续子序列中元素和最大的一个。例如，给定序列 $\{-2, 11, -4, 13, -5, -2\}$，其最大连续子序列为 $\{11, -4, 13\}$，最大和为 20。

要求编写程序得到最大和，并输出子序列的第一个元素和最后一个元素。

输入格式：

测试数据有多组。每组测试数据输入两行，第一行给出一个正整数 K（$0 < K < 10\ 000$），第二行给出 K 个整数，中间用空格分隔。当 K 为 0 时，输入结束。

输出格式：

对于每组测试，在一行里输出最大和、最大连续子序列的第一个和最后一个元素，数据之间用空格分隔。如果最大连续子序列不唯一，则输出序号 i 和 j 最小的那个。若所有 K 个元素都是负数，则定义其最大和为 0，再输出整个序列的第一个和最后一个元素。

输入样例：	输出样例：
6	20 11 13
-2 11 -4 13 -5 -2	
0	

来源：

HDOJ 1231

4. 聚会

某天，小鲲请朋友们到酒店聚餐，发现大家心仪的食物共有 n 种。小鲲共有 m 元，n 种食物的价格已知，且每种食物最多可以点一次。请问他最多能花掉多少钱？

输入格式：

测试数据有多组，处理到文件尾。对于每组测试，第一行输入一个正整数 n（$0 < n \leqslant$

20），表示心仪食物的种数，第二行输入 n 种食物的价格，第三行输入一个正整数 m（$0 < m \leqslant$ 20 000），表示小鲵身上的所有钱。

输出格式：

对于每组测试，输出一行，包含一个整数，表示当天小鲵最多能花掉多少钱。

5. 最佳组队问题

双人混合 ACM 程序设计竞赛即将开始，因为是双人混合赛，故每支队伍必须由一男一女组成。现在需要对 n 名男队员和 n 名女队员进行配对。由于不同队员之间的配合优势不一样，因此，如何组队成了大问题。

给定 $n \times n$ 优势矩阵 **P**，其中 $P[i][j]$ 表示男队员 i 和女队员 j 进行组队的竞赛优势（$0 < P[i][j] < 10\,000$）。设计一个算法，计算男女队员最佳配对法，使组合出的 n 支队伍的竞赛优势总和达到最大。

输入格式：

测试数据有多组，处理到文件尾。每组测试数据首先输入一个正整数 n（$1 \leqslant n \leqslant 9$），接下来输入 n 行，每行 n 个数，分别代表优势矩阵 **P** 的各个元素。

输出格式：

对于每组测试，在一行上输出 n 支队伍的竞赛优势总和的最大值。

6. 迷宫问题之几种走法

小明某天不小心进入了一个迷宫，如图 7-10 所示，请帮他判断能否走出迷宫。如果可能，则输出一共有多少种不同的走法（对于某种特定的走法，必须保证不能多次走到同一个位置）；如果不能走到出口，则输出 impossible。每次走只能是上、下、左、右 4 个方向之一。

输入格式：

测试数据有多组，处理到文件尾。每组测试数据首先输入 2 个整数 n、m（$0 < n, m \leqslant$ 100），代表迷宫的高和宽，然后输入 n 行，每行 m 个字符。各字符的含义如下：'S'代表小明现在所在的位置；'T'代表迷宫的出口；'#'代表墙，不能走；'.'代表路，可以走。

输出格式：

对于每组测试，输出一共有多少种不同的走法，若不能走出则输出 impossible。

7. 石油勘查

通过卫星拍摄的照片可以发现油田,因为油田具有自己的特征。如果油田相邻,则算作同一块油田(上、下、左、右、左上、右上、左下、右下均算作相邻)。

输入格式：

首先输入一个整数 T,表示测试数据的组数,然后输入 T 组测试数据。对于每组测试,首先输入 2 个正整数 n、$m(1 \leqslant n, m < 100)$,表示照片的高和宽,然后输入 n 行 m 列的数据。其中,@代表普通地面,∗代表油田。

输出格式：

对于每组测试,输出油田总数。注意,相邻油田看作属于同一块油田。

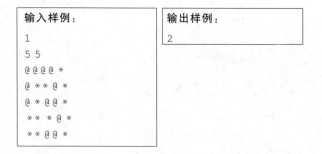

8. 门派

在某个江湖中,相互认识的人会加入同一个门派,而互不认识的人不会加入相同的门派。若甲认识乙,且乙认识丙,那么甲和丙就算是认识的。对于给定的认识关系,请计算共有多少个门派,人数最多的门派有多少人。

输入：

首先输入一个整数 T,表示测试数据的组数,然后输入 T 组测试数据。每组测试首先输入两个整数 n、$m(1 \leqslant n \leqslant 1000, 1 \leqslant m \leqslant n(n-1)/2)$,$n$ 表示总人数,m 表示认识关系数。然后输入 m 行,每行两个整数 A、$B(1 \leqslant A, B \leqslant 1000$,且 $A \neq B)$,表示编号为 A、B 的两人互相认识。每两组测试数据之间间隔一个空行。

输出：

对于每组测试,在一行上输出门派总数和人数最多的门派拥有的人数。两个数据之间间隔一个空格。

226

输入样例：

2

5 3

1 2

2 3

4 5

5 1

2 5

输出样例：

2 3

4 2

第8章* 链 表

8.1 链表概述

简言之,链表是结点构成的序列。每个结点包含数据域(存放数据本身)和指针域,如图 8-1 所示。

数据域	指针域

图 8-1 链表结点结构

在 C/C++ 中,链表的指针域存放下一个结点的地址。而在 Python 中,链表的指针域存放下一个结点对象。为描述方便起见,本章借用 C/C++ 中的"链接""指向"等术语。

描述链表结点的类可以定义如下。

```
class Node:                              #类定义
    def __init__(self, data=None):        #完成初始化的成员函数
        self.data=data                    #数据域,存放数据本身
        self.next=None                    #指针域,存放下一个结点对象
```

其中,数据成员 data 存放数据本身,数据成员 next 存放下一个结点对象,在初始化成员函数 __init__ 中初始化为空值 None(类似 C/C++ 中的空指针 NULL)。创建 Node 类型的对象时,自动调用该函数,根据传入的参数 data(默认值 None)初始化数据成员 data,并置数据成员 next 为空值 None。

本书讨论带头结点的单链表。头结点的数据域不存放有效数据,对于仅包含一个整型数据域的单链表,本书用特殊值 −1 表示头结点的数据域。例如,共有 4 个数据结点(数据域存放有效数据,值分别为 1、2、3、4)的带头结点的单链表如图 8-2 所示。

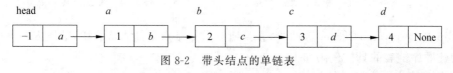

图 8-2 带头结点的单链表

在图 8-2 中,头结点以变量 head"指向"(实际上 head 是该结点对象的引用);其余结点分别设为 a、b、c、d。由于后一个结点(后继)存放在前一个结点(前驱)的指针域,前驱的指针域就"指向"后继,从而构成一个链表。在带头结点的单链表中,最后一个数据结点没有后继,其指针域的值为空值 None(链表结束标志)。

在单链表中,前一结点的指针域"指向"后一结点,只能通过前一结点才能找到后一结点。因此,单链表的访问规则是"从头开始、顺序访问"。即,从"指向"头结点的"头指针"head 开始,逐个结点按顺序访问。

在单链表中,若在某个结点之后插入或删除结点,只需简单修改结点的"指向"而不必大量移动元素,因此插入和删除操作频繁时宜用链表结构。

实际上,每个结点也可以有若干数据域和若干指针域。链表有单向链表(简称单链表)、双向链表(有两个指针域,分别指向前驱和后继)、循环链表等形式。本书仅讨论单链表。读者可在此基础上自行学习其他形式的链表。

8.2 创建单链表

在本节中,单链表中的结点类型为 8.1 节定义的类 Node。建立带头结点的单链表常用如下两种思想。

(1)尾插法:新结点链接到尾结点之后,所得链表称为顺序链表;

(2)头插法:新结点链接到头结点之后、第一个数据结点之前,所得链表称为逆序链表。

8.2.1 顺序链表

以建立图 8-2 所示的带头结点的单链表为例,输入数据对应的列表 $a=[1,2,3,4]$。

图 8-3 带头结点的空链表

Step 1:建立一个空链表,仅包含一个头结点由头指针 head 指向,其数据域为 -1、指针域为 None,同时,该结点用一个尾指针 tail 指向,具体语句:"head=Node(-1); tail=head",如图 8-3 所示。

Step 2:以下标为 $i(0\leqslant i\leqslant 3)$ 的列表元素为数据域(即数据域为 $a[i]$)申请新结点由指针 p 指向(具体语句:"p=Node(a[i])")并链接到尾指针 tail 所指结点之后,具体语句:"tail.next=p",如图 8-4 所示。

Step 3:把指针 p 指向的新结点置为新的尾结点,即把 p 的值赋给 tail,具体语句:"tail=p",如图 8-5 所示。

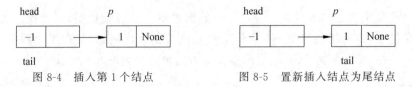
图 8-4 插入第 1 个结点   图 8-5 置新插入结点为尾结点

Step 4:重复 Step 2、Step 3 两步,直到所有数据结点都插入链表中,如图 8-6 所示。创建顺序链表的具体代码如下。

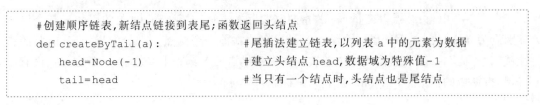

```
#创建顺序链表,新结点链接到表尾;函数返回头结点
def createByTail(a):          #尾插法建立链表,以列表 a 中的元素为数据
    head=Node(-1)            #建立头结点 head,数据域为特殊值-1
    tail=head               #当只有一个结点时,头结点也是尾结点
```

```
    for i in range(len(a)):          #扫描列表 a,取其中元素作为数据建立新结点
        p=Node(a[i])                 #取列表元素 a[i]作为数据建立新结点 p
        tail.next=p                  #新结点 p 链接到尾结点 tail 之后
        tail=p                       #新结点 p 成为新的尾结点
    return head                      #返回头结点
```

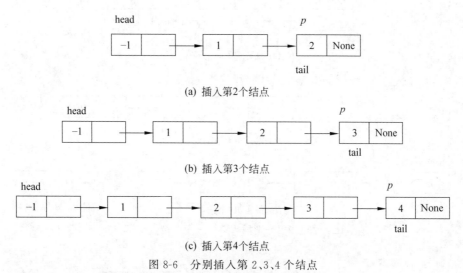

(a) 插入第2个结点

(b) 插入第3个结点

(c) 插入第4个结点

图 8-6　分别插入第 2、3、4 个结点

8.2.2　逆序链表

以建立图 8-2 所示的带头结点的单链表为例,输入数据对应的列表 $a=[4,3,2,1]$。

Step 1:建立一个空链表,仅包含一个头结点由头指针 head 指向,其数据域为−1、指针域为空值,具体语句:"head=Node(−1)",如图 8-7 所示。

Step 2:以下标为 $i(0 \leqslant i \leqslant 3)$ 的列表元素为数据域(即数据域为 $a[i]$)申请新结点由指针 p 指向(具体语句:"p=Node(a[i])"),并把该结点链接到第一个数据结点(head.next 指向,第一次为 None)之前(具体语句:"p.next=head.next")、头结点之后(具体语句:"head.next=p"),如图 8-8 所示。

图 8-7　带头结点的空链表　　　图 8-8　插入第 1 个结点

Step 3:重复 Step 2,直到所有数据结点都插入链表中,如图 8-9 所示。
创建逆序链表的具体代码如下。

```
#创建逆序链表,新结点链接到头结点之后,第一个数据结点之前;函数返回头结点
def createByFront(a):                 #头插法建立链表,以列表 a 中的元素为数据
    head=Node(-1)                     #建立头结点 head,数据域为特殊值-1
    for i in range(len(a)):           #扫描列表 a,取其中元素作为数据建立新结点
```

229

```
        p=Node(a[i])              #取列表元素 a[i]作为数据建立新结点 p
        p.next=head.next          #新结点 p 链接到第一个数据结点 (第一次为 None)之前
        head.next=p               #新结点 p 链接到头结点 head 之后
    return head                   #返回头结点
```

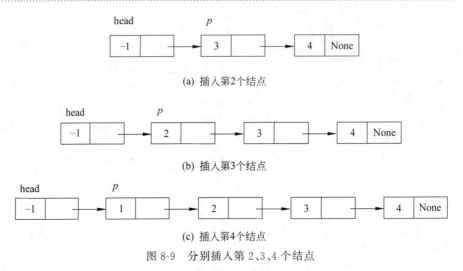

(a) 插入第2个结点

(b) 插入第3个结点

(c) 插入第4个结点

图 8-9　分别插入第 2、3、4 个结点

8.3　单链表基本操作及其运用

在本节中,单链表中的结点类型为 8.1 节定义的类 Node。

8.3.1　基本操作的实现

1. 遍历

根据单链表的访问规则"从头开始、顺序访问",可用一个指针 p 一开始指向头结点之后的结点,即第一个数据结点,在链表还未结束时不断访问 p 所指结点(此处为输出数据域的值)并往后指向下一个结点(具体语句:"p=p.next")。具体代码如下。

```
#遍历以 head 为头结点的带头结点的单链表
def output(head):                 #参数 head 为头结点
    p=head.next                   #p"指向"第一个数据结点
    while p!=None:                #当链表未结束,即 p 不等于 None
        if p!=head.next:          #若 p 不等于其初值,则 p 不是第一个数据结点
            print(' ',end='')     #输出一个空格
        print(p.data,end='')      #输出 p 所指结点的数据域
        p=p.next                  #p"指向"下一个结点
    print()                       #数据输出完毕之后换行
```

2. 查找

在链表中查找结点的数据域值是否等于某个值 x,若找到,则返回 True,否则返回

False。只需从第一个数据结点开始顺序查找，即逐个比较待查找的值 x 是否等于当前结点数据域的值，若相等则结束查找过程。按值查找的具体代码如下。

```
#按值查找，在 head 为头结点的单链表中查找数据域值为 x 的结点
def searchByVal(head,x):        #参数 head 为头结点，x 为待查找的数据
    p=head.next                 #p"指向"第一个数据结点
    flag=False                  #标记变量设为 False，表示尚未查找成功
    while p!=None:              #当链表未结束，即 p 不等于 None
        if p.data==x:           #若结点 p 的数据域值与 x 相等，则查找成功
            flag=True           #标记变量改为 True，表示查找成功
            break               #查找成功则结束循环
        p=p.next                #p"指向"下一个结点
    return flag                 #返回标记变量的值
```

此代码是按值查找的，若要找第 i 个结点，则如何修改此代码呢？显然，可以通过计数器的方法，每当 p"指向"一个数据结点则计数器加 1，直到计数器的值等于 i（查找成功）或 p 的值等于 None（查找失败）为止。具体代码留给读者自行完成。

3. 插入结点

此处的插入操作是在头结点为 head 的链表的第 i 个结点之后插入数据域值为 x 的结点。首先需要从头开始找到第 i 个结点（设由 p"指向"），然后在其后插入新结点（设由 q"指向"）。设 $i=2$、$x=5$，则插入前后的示意图如图 8-10 所示。

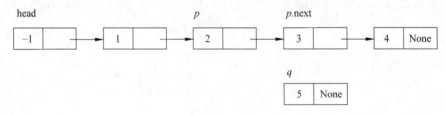

(a) 插入前（执行了语句"q=Node(x)"）

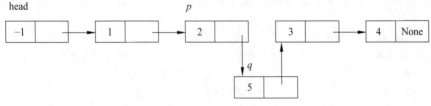

(b) 插入后（执行了语句"q.next=p.next; p.next=q"）

图 8-10　插入结点

插入结点的具体代码如下。

```
#插入，在 head 为头结点的单链表的第 i 个结点之后插入数据域值为 x 的结点
def insert(head,i,x):          #参数 head 为头结点，x 为待插入的数据，i+1 为待插入的位置
    p=head                      #p 指向头结点
```

```
    while i>0 and p!=None:          #当还没找到第 i 个结点且链表还没结束时往下查找
        p=p.next                    #p"指向"下一个结点
        i-=1                        #计数器减 1
    if i<0 or p==None:              #若参数 i 太小或太大则返回
        return
    q=Node(x)                       #以 x 为数据域创建结点由 q"指向"
    q.next=p.next                   #把 q 所指结点链接到 p 所指结点的后继结点之前
    p.next=q                        #把 q 所指结点链接到 p 所指结点之后
```

在 insert 函数中，参数 i 相当于一个计数器。例如，当链表共 $n=4$ 个数据结点时，若 $i=3$，则 i 从 3 到 1 进行循环，while 循环共执行了 3 次。调用 insert 函数进行测试，可以发现在头（$i=0$）、中（$0<i<n$）、尾（$i=n$）3 处之后都能插入成功；而 i 小于 0 或 i 超过有效数据结点个数时则不作插入操作。可调用 insert 函数建立顺序或逆序链表。

4. 删除操作

此处的删除操作是在头结点为 head 的链表中删除数据域值为 x 的结点。首先需要从头开始找到该结点（设由 p"指向"），为便于删除操作，设置一个指针 q 始终指向 p 所指结点的前驱，然后只要把 p 所指结点的后继 p.next 赋值给 p 所指结点的前驱的指针域 q.next 即可完成删除操作。设 x 为 3，则删除前后的示意图如图 8-11 所示。

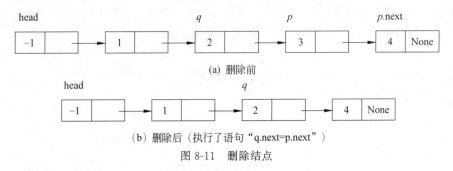

图 8-11 删除结点

在 head 为头结点的单链表中删除数据域值为 x 的结点的具体代码如下。

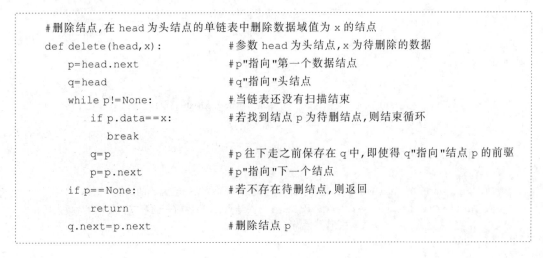

在 delete 函数中，设置了两个指针 q 和 p，在 p 往下走之前，先把其值保存在 q 中，则在 p 往下走后，q 始终指向 p 所指结点的前驱。调用 delete 函数进行测试，可以发现在头（第一个数据结点）、中、尾（最后一个数据结点）3 处都能删除成功；而未找到目标 x 时则不进行删除操作。若要删除第 i 个结点，则可以使用一个计数器变量（若一开始 p "指向"头结点，则其初值为 0），此后每当执行 $p = p$.next 时计数器加 1，在找到第 i 个结点之后进行删除结点的操作。

5. 调用示例

定义了创建链表与操作链表的函数之后，就可以进行调用这些函数。链表相关函数定义如前所述，若在一行上输入一个整数 n 及 n 个整数，则调用示例如下。

```
a=list(map(int,input().split()))
n=a[0]
a=a[1:]
h=createByTail(a)          #创建顺序链表
output(h)                  #遍历链表
h=createByFront(a)         #创建逆序链表
output(h)                  #遍历链表
e=int(input())             #输入待查找的数据，设输入 3
if searchByVal(h,e)==True: #按值查找
    print("found")
else:
    print("not found")
insert(h,3,9)              #在第 3 个结点之后插入数据域值为 9 的结点(最后一个结点)
output(h)                  #遍历链表
insert(h,2,7)              #在第 2 个结点之后插入数据域值为 7 的结点(中间结点)
output(h)                  #遍历链表
insert(h,0,1)              #在第 0 个结点之后插入数据域值为 1 的结点(第一个结点)
output(h)                  #遍历链表
delete(h,3)                #删除数据域值为 3 的结点(中间结点)
output(h)                  #遍历链表
delete(h,9)                #删除数据域值为 9 的结点(最后一个结点)
output(h)                  #遍历链表
delete(h,1)                #删除数据域值为 1 的结点(第一个结点)
output(h)                  #遍历链表
```

运行结果如下。

```
3 2 3 5↵
2 3 5
5 3 2
3↵
found
```

```
5 3 2 9
5 3 7 2 9
1 5 3 7 2 9
1 5 7 2 9
1 5 7 2
5 7 2
```

注意，此处仅给出调用示例，在完整的程序中还需把结点类 Node 和被调用的各个函数（如前所述）定义在调用之前。

8.3.2 基本操作的运用

例 8.3.1 顺序建立链表

在一行上输入一个整数 n 及 n 个整数，按照输入的顺序建立单链表，并遍历所建立的单链表，输出这些数据（数据之间留一个空格）。

输入样例：	输出样例：
5 1 2 3 4 5	1 2 3 4 5

解析：

本题可以直接调用 createByTail 函数建立顺序链表，再调用 output 函数遍历链表。具体代码如下。

```
class Node:                         #结点定义
    def __init__(self, data):
        self.data=data              #存放数据本身
        self.next=None              #存放下一个结点对象


#创建顺序链表，新结点链接到表尾；函数返回头结点
def createByTail(a):                #尾插法建立链表，以列表 a 中的元素为数据
    head=Node(-1)                   #建立头结点 head，数据域为特殊值 -1
    tail=head                       #当只有一个结点时，头结点也是尾结点
    for i in range(len(a)):         #扫描列表 a，取其中元素作为数据建立新结点
        p=Node(a[i])               #取列表元素 a[i]作为数据建立新结点 p
        tail.next=p                 #新结点 p"链接"到尾结点 tail 之后
        tail=p                      #新结点 p 成为新的尾结点
    return head                     #返回头结点


#遍历以 head 为头结点的单链表
def output(head):                   #参数 head 为头结点
    p=head.next                     #p"指向"第一个数据结点
    while p!=None:                  #当链表未扫描结束，即 p 不等于空值 None
        if p!=head.next:            #若 p 不等于其初值，则 p 不是第一个数据结点
            print(' ',end='')       #输出一个空格
```

```python
        print(p.data,end='')      #输出 p 所指结点的数据域
        p=p.next                  #p"指向"下一个结点
    print()                       #数据输出完毕之后换行

a=list(map(int, input().split()))
n=a[0]
a=a[1:]
h=createByTail(a)                 #创建顺序链表
output(h)                         #遍历链表
```

运行结果如下。

```
8 1 2 3 4 5 6 7 8 ↵
1 2 3 4 5 7 7 8
```

另外,本题也可以多次调用 insert 函数建立链表。具体代码如下。

```python
class Node:                       #结点定义
    def __init__(self, data):
        self.data=data            #存放数据本身
        self.next=None            #存放下一个结点对象

#插入结点,在 head 为头结点的单链表的第 i 个结点之后插入数据域值为 x 的结点
def insert(head,i,x):             #参数 head 为头结点,x 为待插入的数据,i+1 为待插入位置
    p=head                        #p"指向"头结点
    while i>0 and p!=None:        #当还没找到第 i 个结点且链表还没扫描结束时往下查找
        p=p.next                  #p"指向"下一个结点
        i-=1                      #计数器减 1
    if i<0 or p==None:            #若 i 太小或太大则返回
        return
    q=Node(x)                     #以 x 为数据域创建结点由 q"指向"
    q.next=p.next                 #把 q 所指结点链接到 p 所指结点的后继结点之前
    p.next=q                      #把 q 所指结点链接到 p 所指结点之后

#遍历以 head 为头结点的单链表
def output(head):                 #参数 head 为头结点
    p=head.next                   #p"指向"第 1 个数据结点
    while p!=None:                #当链表未扫描结束,即 p 不等于空值 None
        if p!=head.next:          #若 p 不等于其初值,则 p 不是第 1 个数据结点
            print(' ',end='')     #输出一个空格
        print(p.data,end='')      #输出 p 所指结点的数据域
```

```
        p=p.next                    #p"指向"下一个结点
    print()                         #数据输出完毕之后换行

a=list(map(int, input().split()))
n=a[0]
a=a[1:]
h=Node(-1)                          #建立头结点
for i in range(n):                  #进行 n 次循环,每次插入一个新结点到表尾
    insert(h,i,a[i])
output(h)                           #遍历链表
```

运行结果如下。

```
10 1 2 3 4 5 6 7 8 9 10↵
1 2 3 4 5 6 7 8 9 10
```

因为此处调用 insert 函数每次把新结点插入尾结点之后,每次都需要遍历链表找到最后一个结点,这种方法的时间效率要低于直接调用 createByTail 函数,在线提交可能得到超时反馈。

例 8.3.2 逆序建立链表

在一行上输入一个整数 n 及 n 个整数,按照输入的逆序建立单链表,并遍历所建立的单链表,输出这些数据(数据之间留一个空格)。

输入样例:	输出样例:
5 1 2 3 4 5	5 4 3 2 1

解析:

本题可以直接调用 createByFront 数建立逆序链表,再调用 output 函数遍历链表。具体代码如下。

```
class Node:                         #结点定义
    def __init__(self, data):
        self.data=data              #存放数据本身
        self.next=None              #存放下一个结点对象

#创建逆序链表,新结点链接到头结点之后,第一个数据结点之前;函数返回头结点
def createByFront(a):               #头插法建立链表,以列表 a 中的元素为数据
    head=Node(-1)                   #建立头结点 head,数据域为特殊值-1
    for i in range(len(a)):         #扫描列表 a,取其中元素作为数据建立新结点
        p=Node(a[i])                #取列表元素 a[i]作为数据建立新结点 p
        p.next=head.next            #新结点 p"链接"到第一个数据结点(第一次为 None)之前
        head.next=p                 #新结点 p"链接"到头结点 head 之后
    return head                     #返回头结点
```

```
#遍历以 head 为头结点的单链表
def output(head):                    #参数 head 为头结点
    p=head.next                      #p 指向"第一个数据结点
    while p!=None:                   #当链表未扫描结束,即 p 不等于 None
        if p!=head.next:             #若 p 不等于其初值,则 p 不是第一个数据结点
            print(' ',end='')        #输出一个空格
        print(p.data,end='')         #输出 p 所指结点的数据域
        p=p.next                     #p"指向"下一个结点
    print()                          #数据输出完毕之后换行

a=list(map(int, input().split()))
n=a[0]
a=a[1:]
h=createByFront(a)                   #创建逆序链表
output(h)                            #遍历链表
```

运行结果如下。

```
10 1 2 3 4 5 6 7 8 9 10↵
10 9 8 7 6 5 4 3 2 1
```

另外,本题也可以多次调用 insert 函数建立链表。具体代码如下。

```
class Node:                          #结点定义
    def __init__(self, data):
        self.data=data               #存放数据本身
        self.next=None               #存放下一个结点对象

#插入结点,在 head 为头结点的单链表的第 i 个结点之后插入数据域值为 x 的结点
def insert(head,i,x):                #参数 head 为头结点,x 为待插入的数据,i+1 为待插入位置
    p=head                           #p"指向"头结点
    while i>0 and p!=None:           #当还没找到第 i 个结点且链表还没扫描结束时往下查找
        p=p.next                     #p"指向"下一个结点
        i-=1                         #计数器减 1
    if i<0 or p==None:               #若 i 太小或太大则返回
        return
    q=Node(x)                        #以 x 为数据域创建结点由 q"指向"
    q.next=p.next                    #把 q 所指结点链接到 p 所指结点的后继结点之前
    p.next=q                         #把 q 所指结点链接到 p 所指结点之后

#遍历以 head 为头结点的单链表
def output(head):                    #参数 head 为头结点
```

```
    p=head.next                    #p"指向"第一个数据结点
    while p!=None:                 #当链表未扫描结束,即 p 不等于 None
        if p!=head.next:           #若 p 不等于其初值,则 p 不是第一个数据结点
            print(' ',end='')      #先输出一个空格
        print(p.data,end='')       #输出 p 结点的数据域
        p=p.next                   #p"指向"下一个结点
    print()                        #数据输出完毕之后换行

a=list(map(int, input().split()))
n=a[0]
a=a[1:]
h=Node(-1)                         #建立头结点
for i in range(n):                 #进行 n 次循环,每次插入一个新结点到头结点之后
    insert(h,0,a[i])
output(h)                          #遍历链表
```

运行结果如下。

```
7 1 2 3 4 5 6 7 ↵
7 6 5 4 3 2 1
```

因此处调用 insert 函数把新结点插入头结点之后,这种方法的时间效率与直接调用 createByFront 函数相当。

8.4 在线题目求解

例 8.4.1 单链表就地逆置

输入多个整数,以 −1 作为结束标志,顺序建立一个带头结点的单链表,之后对该单链表进行就地逆置(不增加新结点),并输出逆置后的单链表数据。

输入格式：

首先输入一个正整数 T,表示测试数据的组数,然后输入 T 组测试数据。每组测试输入多个整数,以 −1 作为该组测试的结束(−1 不处理)。

输出格式：

对于每组测试,输出逆置后的单链表数据(数据之间留一个空格)。

```
输入样例:                     输出样例:
1                             5 4 3 2 1
1 2 3 4 5 -1
```

解析：

若是在线做题只求得到 AC 反馈,则可以直接建立逆序链表并遍历输出。这里采用先建立顺序链表,然后逆置链表的方法。逆置链表的思想类似于建立逆序链表,区别在于后者

是把每个新建的结点链接到头结点之后,而前者是把原有链表中的数据结点从第一个开始依次取下来链接到新链表的头结点(也是原链表的头结点)之后。具体代码如下。

```python
class Node:                            #定义结点类
    def __init__(self, data):
        self.data=data
        self.next=None


def createByTail(a):                   #创建顺序链表,a为整型列表
    head=Node(-1)
    tail=head
    for i in range(len(a)):
        p=Node(a[i])
        tail.next=p
        tail=p
    return head


#逆置链表,每次取下原链表的当前第一个数据结点链接到头结点之后,第一个数据结点之前
def reverse(head):                     #head为头结点
    p=head.next                        #p"指向"第一个数据结点
    head.next=None                     #头结点指针域置为空值
    while p!=None:                     #当链表还没有扫描结束
        q=p                            #q"指向"p所指结点(原链表的当前第一个数据结点)
        p=p.next                       #p"指向"下一个结点
        q.next=head.next               #结点q链接到第一个数据结点(第一次为None)之前
        head.next=q                    #结点q链接到头结点之后


def output(head):                      #遍历链表,head为头结点
    p=head.next
    while p!=None:
        if p!=head.next:
            print(' ',end='')
        print(p.data,end='')
        p=p.next
    print()


T=int(input())
for t in range(T):
    a=list(map(int,input().split()))
    a=a[:len(a)-1]                     #把最后一个数"-1"去掉,也可写为 a=a[:-1]
    h=createByTail(a)
    reverse(h)
    output(h)
```

运行结果如下。

```
1↵
1 2 3 4 5 -1↵
5 4 3 2 1
```

读者可以自行比较 reverse 函数与 createByFront 函数的异同之处，也可以画出链表就地逆置的示意图加深理解 reverse 函数。

例 8.4.2　查找图书

将给定的若干图书的信息（书号、书名、定价）按输入的先后顺序加入一个单链表中。然后遍历单链表，寻找并输出价格最高的图书信息。若存在相同的定价，则按原始顺序全部输出。

输入格式：

首先输入一个正整数 T，表示测试数据的组数，然后输入 T 组测试数据。每组测试的第一行输入正整数 n，表示有 n 本不同的书。接下来 n 行分别输入一本图书的信息。其中，书号由长度等于 6 的纯数字构成；而书名则由长度不超过 50 且不含空格的字符串组成，价格包含 2 位小数。

输出格式：

对于每组测试，输出价格最高的图书信息（书号、书名、定价），数据之间用一个空格隔开，定价的输出保留 2 位小数。

输入样例：

```
1
4
023689 Dataclassure 26.50
123456 FundamentalsOfDataclassure 76.00
157618 FundamentalsOfC++Language 24.10
057618 OpereationSystem 76.00
```

输出样例：

```
123456 FundamentalsOfDataclassure 76.00
057618 OpereationSystem 76.00
```

解析：

本题可以先建立顺序链表，然后遍历链表找到最高价格，再遍历一遍链表输出价格等于最高价格的图书信息。具体代码如下。

```python
class Node:                          #类定义，包含书号、书名和价格等数据成员
    def __init__(self, bno="", bname="", bprice=0.0):
        self.bno=bno
        self.bname=bname
        self.bprice=bprice
        self.next=None


def createByTail(n):                 #创建链表
    head=Node()                      #建立头结点
```

```
        tail=head                      #tail 指向尾结点(此时也是头结点)
        for i in range(n):             #循环 n 次
            t=input().split()          #输入图书信息
            t[2]=float(t[2])           #价格转换为实数
            p=Node(t[0],t[1],t[2])     #建立新结点
            tail.next=p                #新结点链接到表尾
            tail=p                     #新结点成为尾结点
        return head                    #返回头结点

    def solve(head):                   #查找最高价格的图书并输出
        p=head.next                    #p 指向第一个数据结点
        maxPrice=0
        while p!=None:                 #找最高价格,保存在 maxPrice 中
            if p.bprice>maxPrice:
                maxPrice=p.bprice
            p=p.next
        p=head.next                    #p 再次指向第一个数据结点
        while p!=None:                 #把价格等于最高价格的图书信息输出
            if p.bprice==maxPrice:
                print("%s %s %.2f"%(p.bno,p.bname,p.bprice))
            p=p.next

    T=int(input())
    for t in range(T):
        n=int(input())
        h=createByTail(n)
        solve(h)
```

运行结果如下。

```
1 ↵
4 ↵
023689 Dataclassure 26.50 ↵
123456 FundamentalsOfDataclassure 76.00 ↵
157618 FundamentalsOfC++Language 24.10 ↵
057618 OpereationSystem 76.00 ↵
123456 FundamentalsOfDataclassure 76.00
057618 OpereationSystem 76.00
```

例 8.4.3　保持链表有序

对于输入的若干学生的信息,按学号顺序从小到大建立有序链表,最后遍历链表,并按顺序输出学生信息。

输入格式:

首先输入一个正整数 T,表示测试数据的组数,然后输入 T 组测试数据。每组测试数

据首先输入一个正整数 n，表示学生的个数。然后输入 n 行信息，分别是学生的学号和姓名，其中，学号是 8 位的正整数（保证各不相同），姓名是长度不超过 10 且不含空格的字符串。

输出格式：

对于每组测试，按顺序输出学生信息，学号和姓名之间留一个空格（参看输出样例）。

输入样例：	输出样例：
1	20070328 Lisi
3	20070333 Wangwu
20080108 Zhangsan	20080108 Zhangsan
20070328 Lisi	
20070333 Wangwu	

解析：

本题的求解可以考虑两种思路：第一种是在建立顺序或逆序链表后进行排序；第二种是在每次输入数据时在已有链表（初始是空链表）中查找插入位置并插入新结点。按照第二种思路，对于每个新结点的学号，若大于链表中结点的学号则往下查找，否则结束查找并把新结点插入。具体代码如下。

```python
class Node:                      #类定义
    def __init__(self, sno, sname):
        self.sno=sno
        self.sname=sname
        self.next=None


def output(head):                #遍历链表
    p=head.next
    while p!=None:
        print(p.sno,p.sname)
        p=p.next


def keepSorted(n):               #在输入数据的过程中保持链表有序
    head=Node("","")             #建立头结点
    for i in range(n):           #循环 n 次
        a,b=input().split()      #输入学号、姓名
        q=Node(a,b)              #建立新结点，由 q 指向
        p=head                   #p 指向头结点
        while p.next!=None:      #当 p 尚未指向最后一个结点时循环
            if q.sno<p.next.sno: #若新结点 (q 所指) 的学号小于 p.next 所指结点的学号
                break            #则结束循环
            p=p.next             #p 指向下一个结点
        q.next=p.next            #q 所指的新结点链接到 p.next 所指结点之前
        p.next=q                 #q 所指的新结点链接到 p 所指结点之后
```

```
    return head                    #返回头结点

T=int(input())
for t in range(T):
    n=int(input())
    h=keepSorted(n)
    output(h)
```

运行结果如下。

```
1↵
3↵
20080108 Zhangsan ↵
20070328 Lisi ↵
20070333 Wangwu ↵
20070328 Lisi
20070333 Wangwu
20080108 Zhangsan
```

若新结点的学号大于链表中的所有学号,则 while 循环不成立而结束循环,此时 p.next 为 None,新结点链接到链表的最后,成为链表的尾结点。

按第一种思路(先创建链表再排序)的具体代码实现留给读者自行完成。

本章内容是进一步学习 Python 版数据结构的重要基础,希望相关读者熟练掌握。

习   题

一、选择题

1. 带头结点的单链表的访问规则是(   )。

    A. 随机访问   B. 从头结点开始,顺序访问

    C. 从尾结点开始,逆序访问   D. 可以顺序访问,也可以逆序访问

2. 带头结点的单链表的结点结构 Node 包含数据域 data 和指针域 next,非空链表的 next 域存放的是(   )。

    A. 下一个结点   B. 下一个结点的数据域

    C. 下一个结点的地址   D. 下一个结点的指针域

3. 带头结点的单链表的结点结构 Node 包含数据域 data 和指针域 next,头结点为 head,则第一个数据结点的数据域是(   )。

    A. head.next   B. head.data   C. head.next.data   D. head.next.next

4. 带头结点的单链表的结点结构 Node 包含数据域 data 和指针域 next,头结点为 head,判断链表为空的条件是(   )。

    A. head.next=None   B. head=None

    C. head.next!=None   D. head.next==None

5. 带头结点的单链表的结点结构 Node 包含数据域 data 和指针域 next，判断结点 p 为尾结点（最后一个结点）的条件是（　　）。

  A. p.next==None   B. p＝None

  C. p.next!＝None   D. p.next＝None

6. 带头结点的单链表的结点结构 Node 包含数据域 data 和指针域 next，当前结点为 p，则使 p 成为下一个结点的语句是（　　）。

  A. p.next＝p.next.next   B. p.next＝p

  C. p＝p.next   D. p＝p.next.next

7. 带头结点的单链表的结点结构 Node 包含数据域 data 和指针域 next，当前结点为 p，要把新结点 q 链接到 p 结点之后的语句是（　　）。

  A. q.next＝p B. p.next＝q C. p.next＝q.next   D. p＝q.next

8. 带头结点的单链表的结点结构 Node 包含数据域 data 和指针域 next，头结点为 head，要把 p 结点链接到头结点之后的语句是（　　）。

  A. head.next＝p；p.next＝head.next   B. p.next＝head.next；head.next＝p

  C. head.next＝p D. p.next＝head.next

9. 带头结点的单链表的结点结构 Node 包含数据域 data 和指针域 next，已知 p、q、r 分别为链表中从前往后连续的 3 个结点，下面删去 q 结点的语句错误的是（　　）。

  A. p.next＝q.next   B. p.next＝r

  C. p.next＝p.next.next   D. p.next＝r.next

二、在线编程题

本章的在线编程题都要求使用**链表**完成。

1. 输出链表偶数结点

先输入 N 个整数，按照输入的顺序建立链表，然后遍历并输出偶数位置上的结点信息。

输入格式：

首先输入一个正整数 T，表示测试数据的组数，然后输入 T 组测试数据。

每组测试的第一行输入整数的个数 $N(2 \leqslant N)$；第二行依次输入 N 个整数。

输出格式：

对于每组测试，输出该链表偶数位置上的结点的信息。

输入样例：	输出样例：
1	56 6 15 62
8	
12 56 4 6 55 15 33 62	

2. 使用链表进行逆置

对于输入的若干学生的信息，利用链表进行存储，并将学生的信息逆序输出。

要求将学生的完整信息存放在链表的结点中。通过链表的操作完成信息的逆序输出。

输入格式：

首先输入一个正整数 T，表示测试数据的组数，然后输入 T 组测试数据。

每组测试数据首先输入一个正整数 n，表示学生的个数，然后输入 n 行信息，分别表示学生的姓名（不含空格且长度不超过 10 的字符串）和年龄（正整数）。

输出格式：

对于每组测试，逆序输出学生信息（参看输出样例）。

输入样例：	输出样例：
1 3 Zhangsan 20 Lisi 21 Wangwu 20	Wangwu 20 Lisi 21 Zhangsan 20

3. 链表排序

请以单链表存储 n 个整数，并实现这些整数的非递减排序。

输入格式：

测试数据有多组，处理到文件尾。每组测试输入两行，第一行输入一个整数 n，第二行输入 n 个整数。

输出格式：

对于每组测试，输出排序后的结果，每两个数据之间留一个空格。

输入样例：	输出样例：
6 3 5 1 2 8 6	1 2 3 5 6 8

4. 合并升序单链表

各依次输入递增有序的若干整数，分别建立两个单链表，将这两个递增的有序单链表合并为一个递增的有序链表。请尽量利用原有结点空间。合并后的单链表中不允许有重复的数据。

输入格式：

首先输入一个正整数 T，表示测试数据的组数，然后输入 T 组测试数据。每组测试数据首先在第一行输入数据个数 n，再在第二行和第三行分别输入 n 个递增有序的整数。

输出格式：

对于每组测试，输出合并后的单链表，每两个数据之间留一个空格。

输入样例：	输出样例：
2 5 1 3 5 7 9 4 6 8 10 12 5 1 3 5 6 7 2 3 6 8 9	1 3 4 5 6 7 8 9 10 12 1 2 3 5 6 7 8 9

5. 拆分单链表

输入若干整数,先建立单链表 A,然后将单链表 A 分解为两个具有相同结构的链表 B、C,其中 B 链表的结点为 A 链表中值小于 0 的结点,而 C 链表的结点为 A 链表中值大于 0 的结点。请尽量利用原有结点空间。测试数据保证每个结果链表至少存在一个元素。

输入格式:

首先输入一个正整数 T,表示测试数据的组数,然后输入 T 组测试数据。每组测试数据在一行上输入数据个数 n 及 n 个整数(不含 0)。

输出格式:

对于每组测试,分两行按原数据顺序输出链表 B 和 C,每行中的每两个数据之间留一个空格。

输入样例:	输出样例:
1 10 49 53 −26 79 −69 −69 18 −96 −11 68	−26 −69 −69 −96 −11 49 53 79 18 68

6. 约瑟夫环

有 n 个人围成一圈(编号为 $1 \sim n$),从第 1 号开始进行 1、2、3 报数,凡报 3 者就退出,下一个人又从 1 开始报数……直到最后只剩下一个人时为止。请问此人原来的位置是多少号?请用单链表或循环单链表完成。

输入格式:

测试数据有多组,处理到文件尾。每组测试输入一个整数 n。

输出格式:

对于每组测试,输出最后剩下那个人的编号。

输入样例:	输出样例:
69	68

第 9 章 * 文 件

9.1 文件基础

9.1.1 文件的打开与关闭

文件是长期存储在计算机外部介质(如硬盘、光盘、U 盘)上的数据,可重复使用。文件以文件名标识,文件名通常表示为"主名.扩展名",如文件名 test.txt 的主名为 test,扩展名为 txt。根据文件类型不同,文件可分为文本文件、可执行文件、图片文件、音频文件和视频文件等。根据文件的数据存储形式不同,文件可分为文本文件和二进制文件。文本文件的数据按文本存储,可直接阅读,扩展名通常为 txt,一般每行文本最后包含换行符'\n';二进制文件的数据按字节存储,无法直接阅读,如扩展名为 exe 的可执行文件是二进制文件。

Python 通过内置函数 open 打开文件,该函数常用形式如下。

```
open(filename, mode='r')
```

其中,filename 是一个字符串,表示文件名,可包含路径,如'd:\\1.txt'(转义字符'\\'表示一个反斜杠"\")或'd:/1.txt'表示 D 盘根目录下的文本文件 1.txt;若不包含路径,则表示当前目录,如'2.txt'表示文本文件 2.txt 与打开该文件的程序文件在同一个目录下;mode 表示文件打开方式(默认值是'r',即默认以"读"方式打开),不同的打开方式如表 9-1 所示。open 函数返回一个文件对象,若打开文件出错,则将出现异常,如以"读"方式打开不存在的文件,将出现 FileNotFoundError 异常。

表 9-1 内置函数 open 的打开方式

打开方式	含　义	说　明
r	以"读"方式打开	打开的文件是只读的,默认的打开方式
w	以"写"方式打开	打开的文件是只写的,若文件存在则覆盖,否则创建
a	以"追加"方式打开	打开的文件是只写的(从文件尾开始写)
x	以"创建"方式打开	打开的文件是只写的,若文件已存在则出错
+	以"读写"方式打开	打开文件用于读写,不能单独使用,一般与 r、w、a 结合使用
t	以"文本文件"形式打开	默认文件形式,不能单独使用,一般与 r、w、a、x 结合使用
b	以"二进制文件"形式打开	不能单独使用,一般与 r、w、a、x 结合使用

表 9-1 中的一些打开方式可组合使用，如 r+、w+、rb、wb、ab、xb、rb＋、wb＋和 ab＋等。

通常，将 open 函数的返回值赋值给一个变量从而创建文件对象并使之与该文件相关联，如"f＝open('1.txt')"表示以"读"方式打开当前目录下的文本文件 1.txt，并创建文件对象 f 与该文件相关联。

若打开的文件中包含汉字，则可能因编码不同而出错，此时可指定 open 函数的 encoding 参数为'utf-8'，如 open('1.txt', 'r', encoding＝'utf-8')，表示以"读"方式且采用'utf-8' 编码打开当前目录下的文本文件 1.txt。

通过文件对象的 close 方法，可关闭文件对象关联的文件，如"f.close()"关闭文件对象 f 关联的文件。

可结合 with 语句打开文件，如此可在程序流程出了 with 语句块后自动关闭文件并释放资源。例如：

```
with open('test.txt') as f:      #创建文件对象 f 关联以"读"方式打开的文件 test.txt
    print(f.mode)                 #输出文件打开方式
```

该 with 语句与以下处理异常的 try…finally 语句等效。

```
try:
    f=open('test.txt')           #创建文件对象 f 关联以"读"方式打开的文件 test.txt
    print(f.mode)                 #输出文件打开方式
finally:
    f.close()                     #关闭文件
```

9.1.2　文件的读写

文件打开之后，可以进行相应的读或写操作。以'r'、'rt'和'rb'等方式打开的文件是只读的，以'w'、'wt'、'wb'、'x'、'xt'、'xb'、'a'、'at'和'ab'等方式打开的文件是只写的，以'r+'、'w+'、'rb+' 和'wb+'等方式打开的文件既可读又可写。

文件的读写操作通过与文件相关联的文件对象进行。文件对象常用的读写方法如表 9-2 所示。表 9-2 中示例相关的文件对象 fr 和 fw 的创建语句如下。

```
fr=open('a.txt')
fw=open('b.txt', 'w')
```

表 9-2　文件对象常用的读写方法

方　　法	示　　例	示　例　说　明
read	$s＝fr.read()$ $s＝fr.read(n)$	读取文件中的所有内容（每行的行尾包含'\n'）构成字符串 s 读取文件中的 n 个字符（若 n 超过字符总数，则读完为止）构成字符串 s
readline	$s＝fr.readline()$	读取 fr 关联文件中的一行构成字符串 s（行尾包含'\n'）

方　法	示　　例	示 例 说 明
readlines	$t = \mathrm{fr.readlines()}$	读取 fr 关联文件的所有内容构成列表 t（文件中的每行对应一个字符串，该字符串作为列表 t 的一个元素）
write	$\mathrm{fw.write}(s)$	将字符串 s 写到 fw 关联的文件中
writelines	$\mathrm{fw.writelines}(t)$	将列表 t 中内容写到 fw 关联的文件中

本章以文本文件为例介绍文件的读写方法。对于一些特殊文件的读写，可能需要导入内置模块或第三方库，本章不作介绍，有兴趣的读者可自行查阅资料学习。

9.1.3 文件对象的 seek、tell 方法

文件对象的 seek 方法用于移动文件指针，tell 方法用于获得文件指针的当前位置。

文件对象（设为 f）的 seek 方法的使用形式如下：

```
f.seek(offset, whence)
```

其中，offset 是偏移量，若为正整数，则表示文件指针往文件尾（文件结束的位置）方向偏移；若为负整数，则表示文件指针往文件头（文件开始的位置）方向偏移；若为 0 则表示不偏移，如 f.seek(0, 0) 表示将文件指针移回到文件头。whence 是可选参数，表示起始位置，默认值为 0 表示文件头，若为 1 则表示文件指针当前位置，若为 2 则表示文件尾。

文件对象（设为 f）的 tell 的使用形式如下：

```
f.tell()
```

文件对象的 seek 方法和 tell 方法的简单示例代码如下。

```
#设文件 test.txt 中的内容: Struggle for youth
f=open('test.txt','r')   #创建文件对象 f 关联以"读"方式打开的文件 test.txt
print(f.tell())          #f.tell 返回文件指针位置,因一开始文件指针在文件头,故输出 0
k=f.seek(9)              #文件指针从文件头开始往后偏移 9 个字符,并返回文件指针所在位置
print(k)                 #输出 9
s=f.read(3)             #从文件指针所指位置开始读 3 个字符内容为一个字符串 s
print(s)                 #输出 for
print(f.tell())          #f.tell 返回文件指针位置,输出 12(从位置 9 往后偏移 3 个字符)
f.close()               #关闭文件
```

上述代码中，f.seek(9) 相当于 f.seek(9, 0)，即第 2 个参数默认取值为 0。对于文本文件，文件对象的 seek 方法按字符移动，seek 方法的文件指针只能从文件头往后移动（此时，第 1 个参数应为正整数）；对于二进制文件，文件对象的 seek 方法按字节移动，其第 2 个参数可取值 0、1、2。

9.2 文 件 举 例

例 9.2.1 文件复制

请将当前目录下文件 a.txt 中的所有内容复制到当前目录下文件 b.txt 中。

解析：

先分别创建文件对象 fr、fw 关联以"读"方式打开的 a.txt 和以"写"方式打开的 b.txt，然后分别使用 fr.read()、fr.readline() 和 fr.readlines() 读取 a.txt 中的数据，再分别使用 fw.write(s) 和 fw.writelines(s) 往 b.txt 中写数据。

根据读、写方法的不同组合，本例可用多种求解方法。

方法 1：通过 fr.read() 读取 a.txt 中的所有行作为一个字符串 s，通过 fw.write(s) 将字符串 s 写到文件 b.txt 中。具体代码如下。

```
fr=open("a.txt","r")          #创建文件对象 fr 关联以"读"方式打开的 a.txt
fw=open("b.txt","w")          #创建文件对象 fw 关联以"写"方式打开的 b.txt
s=fr.read()                   #读文件中的所有行，作为一个字符串 s
fw.write(s)                   #将字符串 s 写入 fw 对应的文件
fr.close()                    #关闭 fr 对应的文件
fw.close()                    #关闭 fw 对应的文件
```

方法 2：在循环中通过 fr.readline 不断读取 a.txt 中的一行作为一个字符串 t（若 t 为空串则结束循环），将 t 连接到结果字符串 s（初始化为空串）之后；通过 fw.write(s) 将字符串 s 写到文件 b.txt 中。具体代码如下。

```
fr=open("a.txt","r")          #创建文件对象 fr 关联以"读"方式打开的 a.txt
s=''                          #s 初始化为空串
while True:
    t=fr.readline()           #读 fr 对应文件中的一行(行尾包含'\n')
    if t=='': break           #若 t 为空串，则表示已读完所有行，结束循环
    s+=t                      #将 t 连接到 s 之后
fw=open("b.txt","w")          #创建文件对象 fw 关联以"写"方式打开的 b.txt
fw.write(s)                   #将字符串 s 写入 fw 对应的文件
fr.close()                    #关闭 fr 对应的文件
fw.close()                    #关闭 fw 对应的文件
```

方法 3：在循环中通过 fr.readline() 读取 a.txt 中的一行作为一个字符串 t（若 t 为空串则结束循环），将 t 添加到结果列表 s（初始化为空列表）中；通过 fw.writelines(s) 将列表 s 中的内容写到文件 b.txt 中。具体代码如下。

```
fr=open("a.txt","r")          #创建文件对象 fr 关联以"读"方式打开的 a.txt
s=[]                          #s 初始化为空列表
```

```
while True:
    t=fr.readline()              #读 fr 对应文件中的一行(行尾包含'\n')
    if t=='': break              #若 t 为空串,则表示已读完所有行,结束循环
    s.append(t)                  #将 t 作为一个元素添到列表 s 中
fw=open("b.txt","w")             #创建文件对象 fw 关联以"写"方式打开的 b.txt
fw.writelines(s)                 #将列表 s 的每个元素写入 fw 对应的文件
fr.close()                       #关闭 fr 对应的文件
fw.close()                       #关闭 fw 对应的文件
```

方法 4：使用 with 语句打开文件,在 with 语句块中读写文件。通过 fr.read()读取 a.txt 中的所有行作为一个字符串 s;通过 fw.write(s)将字符串 s 写到文件 b.txt 中。具体代码如下。

```
with open("a.txt","r") as fr:    #创建文件对象 fr 关联以"读"方式打开的 a.txt
    s=fr.read()                  #读文件中的所有行,作为一个字符串 s
with open("b.txt","w") as fw:    #创建文件对象 fw 关联以"写"方式打开的 b.txt
    fw.write(s)                  #将字符串 s 写入 fw 对应的文件
```

使用 with 语句打开文件时,在 with 语句块执行结束后或遇到异常时,可自动关闭文件、释放资源,不必显式关闭文件,代码更加简洁。另外,因文件对象的 writelines 方法也可接受字符串参数,上述代码中的"fw.write(s)"也可改写为"fw.writelines(s)"。

方法 4 对应于方法 1。方法 2、3 也可改写为使用 with 语句实现,这里不再赘述。

方法 5：使用 with 语句打开文件,在 with 语句块中读写文件。通过 fr.readlines()读取 a.txt 中的所有行作为一个列表 s;通过 fw.writelines(s)将列表 s 写到文件 b.txt 中。具体代码如下。

```
with open("a.txt","r") as fr:    #创建文件对象 fr 关联以"读"方式打开的 a.txt
    s=fr.readlines()             #读文件中的所有行,创建列表 s
with open("b.txt","w") as fw:    #创建文件对象 fw 关联以"写"方式打开的 b.txt
    fw.writelines(s)             #将列表 s 写入 fw 对应的文件
```

例 9.2.2 年度电费

已知若干用户的年用电信息(用户号、每个月的用电量),其中的具体数据保存在当前目录下文本文件 consumption.txt 中,请计算出每个用户的年度电费信息(用户号、年度用电量、年度电费)并保存到当前目录下文件 fee.txt 中。简单起见,设每月用电量为整数,且每度电的费用为 0.7983 元。要求年度电费(单位：元)保留 2 位小数。

用电信息示例如下。

```
D00001 270 300 276 310 230 278 451 487 320 223 256 264
```

解析：

以"读"方式使用 with 语句打开文件 consumption.txt,并用文件对象 fr 与它相关联,在

循环中通过 fr.readline 逐行读取 consumption.txt 中的数据作为一个字符串 s（若为空串则结束循环），将字符串 s 分割为用户号 uid 和月用电量列表 cost，并按 cost 求得年度用电量，再计算年度电费，最后将得到的一个用户的年度电费信息（存放在字符串 ts 中，最后一个字符为'\n'）连接到结果字符串 res（初始化为空串）中；以"写"方式使用 with 语句打开文件 fee.txt，并用文件对象 fw 与它相关联，通过 fw.write(res)将字符串 res 写到文件 fee.txt 中。具体代码如下。

```python
res=''                              #结果字符串 res 初始化为空串
#创建文件对象 fr 关联以"读"方式打开的 consumption.txt
with open("consumption.txt","r") as fr:
    while True:                     #循环逐行处理
        s=fr.readline()            #读入一行
        if s=='': break            #若读不到数据，则结束循环
        uid, * cost=s.split()      #将字符串 s 分割为字符串 uid 和字符串列表 cost
        total=sum(map(int,cost))   #将 cost 中元素转换为整数并求和
        '''
        将用户名、年度用电量(转换为字符串)、年度电费(保留 2 位小数转换为字符串)，
        并以空格间隔拼接为字符串 ts
        '''
        ts=' '.join([uid, str(total),'{:.2f}'.format(total * 0.7983)])
        res+=ts+'\n'               #在 ts 后添加'\n'并连接到结果字符串 res 之后
#创建文件对象 fw 关联以"写"方式打开的 fee.txt
with open("fee.txt","w") as fw:
    fw.write(res)                  #将字符串 res 写入 fw 对应的文件
```

例 9.2.3　文件测试

设当前目录下文本文件 input.txt 中保存着若干数据，每行包含两个以空格间隔的整数 m、$n(m<n)$，请将区间 $[m,n]$ 范围内的所有素数（保证至少有 1 个）输出到当前目录下文件 output.txt 中。要求每个整数对输出一行，且每行的每两个素数之间留一个空格。

解析：

定义素数判断函数 isPrime，以"读"方式使用 with 语句打开文件 input.txt，并用文件对象 fr 与它相关联，在循环中通过 fr.readline 逐行读取 input.txt 中的数据作为一个字符串 s（若为空串则结束循环），将字符串 s 分割为两个整数 m、n，调用函数 isPrime 求得区间 $[m,n]$ 范围内的所有素数添加到列表 t 中并以空格为间隔连接为一组测试结果（存放在字符串 ts 中，最后一个字符为'\n'）连接到结果字符串 res（初始化为空串）中；以"写"方式使用 with 语句打开文件 output.txt，并用文件对象 fw 与它相关联，通过 fw.write(res)将字符串 res 写到文件 output.txt 中。具体代码如下。

```python
def isPrime(n):                     #定义判断素数的函数
    if n<2: return False
    k=int(n ** 0.5)
    for i in range(2,k+1):
```

```
            if n%i==0: return False
    return True
res=''                              #结果字符串 res 初始化为空串
#创建文件对象 fr 关联以"读"方式打开的 input.txt
with open("input.txt","r") as fr:
    while True:                     #循环处理
        s=fr.readline()            #读入一行
        if s=='': break            #若读不到数据,则结束循环
        m,n=map(int, s.split())    #将字符串 s 分割为两个整数
        t=[]                       #列表 t 用于保存[m,n]范围内的素数
        for i in range(m, n+1):    #遍历区间[m,n]
            if isPrime(i):         #若 i 为素数,则将其转换为字符串添加到列表 t 中
                t.append(str(i))
        #将列表 t 中元素以一个空格间隔拼接为一个字符串并在最后添加换行符
        ts=' '.join(t)+'\n'
        res+=ts                    #将一组数据的结果连接到结果字符串 res 之后
#创建文件对象 fw 关联以"写"方式打开的 output.txt
with open("output.txt","w") as fw:
    fw.write(res)                  #将字符串 res 写入 fw 对应的文件
```

例 9.2.4　常用单词

设当前目录下文本文件 paper.txt 中是一篇英文文章(单词之间以空格或标点符号间隔),请统计各个单词(不区分大小写)的出现次数,并将使用最频繁的 10 个单词按出现次数从高到低输出到当前目录下的结果文件 result.txt 中,若出现次数相同,则按字典序输出。要求:输出的单词都用小写字母表示,且每个单词单独占一行。简单起见,设标点符号仅包含 5 种:，． " ？！。

解析:

以"读"方式使用 with 语句打开文件 paper.txt,并用文件对象 fr 与它相关联,通过 fr.read 读取 paper.txt 中的所有内容作为一个字符串 s;将字符串 s 中标点符号替换为空格并将 s 转换为小写再通过 s.split 得到单词列表,以每个单词为键、出现次数为值创建字典 d,使用内置函数 sorted 对 d.items 按出现次数降序、单词字典序排序得到列表 most(每个元素是一个形如"(单词，出现次数)"的元组),将 most 列表中的前 10 个元素的各单词连接'\n'添加到结果列表 res(初始化为空列表)中;以"写"方式使用 with 语句打开文件 result.txt,并用文件对象 fw 与它相关联,通过 fw. writelines(res)将列表 res 写到文件 result.txt 中。具体代码如下。

```
#创建文件对象 fr 关联以"读"方式打开的 paper.txt
with open("paper.txt","r") as fr:
    s=fr.read()                    #读入所有行
t=[',', '.', '"', '?', '!']       #标点符号列表
for it in t:                       #将标点符号替换为空格
    s=s.replace(it,' ')
```

```
s=s.lower()                          #将所有字母都小写
s=s.split()                          #按空格分割出单词列表 s
d={}                                 #d 为结果字典,单词为键,出现次数为值
for it in s:                         #统计各个单词的出现次数
    d[it]=d.get(it, 0)+1
#按出现次数降序排序,出现次数相同时按单词字典序排序,得到结果列表 most
most=sorted(d.items(), key=lambda x:(-int(x[1]), x[0]))
most=most[:10]                       #取前 10 个元素
res=[]                               #res 为结果列表
for it in most:                      #将 most 列表中各元素中的单词连接'\n'并加到 res 中
    res.append(it[0]+'\n')
#创建文件对象 fw 关联以"写"方式打开的 result.txt
with open("result.txt","w") as fw:
    fw.writelines(res)               #将列表 res 写入 fw 对应的文件
```

习　　题

一、选择题

1. 文本文件的扩展名是(　　　)。

　　A. txt　　　　　　　　B. exe　　　　　　　C. py　　　　　　　　D. text

2. 若要打开文本文件用于追加,则打开模式为(　　　)。

　　A. r　　　　　　　　　B. w　　　　　　　　C. a　　　　　　　　　D. +

3. 以下可打开文件 test.txt 用于读的语句,错误的是(　　　)。

　　A. f=open('test.txt')　　　　　　　　B. f=open('test.txt','r')

　　C. f=open('test.txt','rt')　　　　　　D. f=open('test.txt','+')

4. 以下可打开文件"test.txt"用于写的语句,正确的是(　　　)。

```
① f=open('test.txt','w')
② f=open('test.txt','wb')
③ f=open('test.txt','xt')
④ f=open('test.txt','xb')
```

　　A. ①②　　　　　　　B. ①③　　　　　　　C. ③④　　　　　　D. ①②③④

5. 若文件对象 f 与以读方式打开的文件 test.txt 关联,则能正确读取数据的是(　　　)。

```
① f.read()
② f.readline()
③ f.readlines()
```

　　A. ①②③　　　　　　B. ①②　　　　　　　C. ①③　　　　　　D. ②③

6. 若文件对象 f 与以写方式打开的文件 test.txt 关联,则能正确往该文件写数据的语句是(　　　)。

```
① f.write('Just do it')
② f.writeline('Just do it')
③ f.writelines('Just do it')
```

A. ①②③   B. ①②   C. ①③   D. ②③

7. 以下能正确打开 test.txt 并读取文件中的所有内容的语句序列是(   )。

```
① f=open('test.txt', 'r'); s=f.read()
② f=open('test.txt', 'rt'); s=f.readlines()
③ with open('test.txt', 'r') as f: s=f.readlines()
④ with open('test.txt') as f: s=f.read()
```

A. ①②③④   B. ①②③   C. ①④   D. ②③

8. 以下能在文件 test.txt 中正确移动文件指针的语句序列是(   )。

```
① f=open('test.txt', 'rt'); f.seek(5)
② f=open('test.txt', 'r'); f.seek(5,0)
③ f=open('test.txt', 'rb'); f.seek(5,1)
④ f=open('test.txt', 'rb'); f.seek(-5,2)
```

A. ①②③④   B. ①②③   C. ②③④   D. ①②

二、编程题

1. 创建测试输入文件

教师在出一道在线编程题时,通常需要创建 3 个文件:题面文件、测试输入文件、测试输出文件。请在当前目录下创建测试输入文件 test.in,第一行是一个测试组数 T(随机产生的整数,区间范围为 $[10, 20]$);对于每组测试,包含两行数据,第一行是一个整数 n(随机产生的整数,区间范围为 $[100, 200]$),第二行是随机产生的 n 个整数(区间范围为 $[1, 1000]$),每两个数据之间以一个空格间隔。

2. 创建测试输出文件

已知当前目录下测试输入文件 test.in 的第一行是一个测试组数 T;对于每组测试,包含两行数据,第一行是一个整数 n,第二行是 n 个整数,每两个数据之间以一个空格间隔。请将每组数据的 n 个整数升序排序后输出到当前目录下的测试输出文件 test.out 中。要求每组数据的排序结果占一行,且每行的每两个整数之间以一个空格间隔。

3. 平均工资

已知若干员工某年 12 个月的工资信息(工号、姓名、每月工资)保存在当前目录下文本文件 salary.txt(每行的每两个数据之间以一个空格间隔,工资是实数)中,请计算出每个员工该年的月平均工资,并将相关信息(工号、姓名、月平均工资)保存到当前目录下文本文件 avg.txt 中。要求每个员工的信息占一行,且月平均工资保留 2 位小数。

工资信息示例如下。

```
T00001 Zhangsan 5200 5100 5200 5300 5200 5100 5200 5300 5200 5100 5200 5300
```

4. 词频统计

设当前目录下文本文件 story.txt 中是一篇英文小说（单词之间以空格或标点符号间隔），请统计各个单词（不区分大小写）的出现次数，并按出现次数从高到低输出统计信息（格式为"单词:出现次数"）到当前目录下结果文件 frequency.txt 中，若出现次数相同，则按字典序输出。要求：输出的单词都用小写字母表示，且每个单词单独占一行。简单起见，设标点符号仅包含 6 种：，．"？！'。

参 考 文 献

[1] 黄龙军. 程序设计竞赛入门(Python 版)[M]. 北京：清华大学出版社,2021.

[2] 黄龙军. 数据结构与算法(Python 版)[M]. 上海：上海交通大学出版社,2023.

[3] 黄龙军. C/C++程序设计[M]. 北京：清华大学出版社,2024.

[4] 黄龙军,沈士根,胡珂立,等. 大学生程序设计竞赛入门——C/C++程序设计(微课视频版)[M]. 北京：清华大学出版社,2020.

[5] 陈春晖,翁恺,季江民. Python 程序设计[M]. 杭州：浙江大学出版社,2019.

[6] 周元哲. Python 3.x 程序设计基础[M]. 北京：清华大学出版社,2020.

图书资源支持

感谢您一直以来对清华版图书的支持和爱护。为了配合本书的使用，本书提供配套的资源，有需求的读者请扫描下方的"书圈"微信公众号二维码，在图书专区下载，也可以拨打电话或发送电子邮件咨询。

如果您在使用本书的过程中遇到了什么问题，或者有相关图书出版计划，也请您发邮件告诉我们，以便我们更好地为您服务。

我们的联系方式：

清华大学出版社计算机与信息分社网站：https://www.shuimushuhui.com/

地　　址：北京市海淀区双清路学研大厦 A 座 714

邮　　编：100084

电　　话：010-83470236　010-83470237

客服邮箱：2301891038@qq.com

QQ：2301891038（请写明您的单位和姓名）

资源下载：关注公众号"书圈"下载配套资源。

资源下载、样书申请

书圈

图书案例

清华计算机学堂

观看课程直播